植愈之地

爱人 先爱草木

花园时光工作室 编

Plant Healing Island

中国林業出版社
·北京·

编者的话

在这个快节奏和繁忙的现代社会中，我们经常感到压力和疲劳。而植物，作为大自然的杰作之一，却能够带给我们独特的宁静和舒缓，成为了我们生活中重要的疗愈资源。这是一本关于植物疗愈的心灵之旅。在这个瞬息万变的世界里，我们常常忙碌于琐事，疲于应对各种压力和挑战。而在这片充满繁花似锦的自然世界里，植物却以它们的静谧、坚韧和生命力深深吸引着我们。

在这本书中，我所邀请到的作者都是热衷于植物的网络博主，拥有着丰富的经验和独特的见解。在关于绿植、花卉、植物标本、压花、室内设计几大领域中，探讨了植物在他们生活中的重要意义和独特魅力。

这些文章分为两大部分，一部分是作者通过植物获得的精神层面的体验，另一部分则是他们在植物养护方面的经验和心得。他们饱含深情地描述了植物如何教会他们等待，如何让他们充满对未来的期望。他们也分享了在照料植物的过程中，学到的耐心、坚持和关爱。这些文章充满了情感，又蕴含着对自然世界的敬仰和对生命的思考。

作为这本书的策划和编辑者，我深深地被这些文章所感动。在这个喧嚣和快节奏的社会中，我们常常需要停下脚步，回归自然，倾听植物的声音，感受它们的生命力和智慧。植物带来的疗愈力不仅是一种养护和装饰生活空间的方式，更是一种滋养心灵的方式。通过与植物的亲密接触，我们可以平静心情，放松身心，恢复内心的平衡。

在这本书中，您除了会发现关于绿植的知识和养护技巧，了解如何选择合适的花卉植物并进行养护，探索植物标本和压花的魅力与技巧以外，您同时还将读到作者们的真挚感言，他们通过与植物相伴的经历，从中汲取力量、寻找灵感和启示。我希望这本书能够带给您一段愉悦的阅读体验，激发您对植物世界的热爱和探索欲望。无论您是热衷植物的园艺爱好者，还是对疗愈感兴趣的读者，亦或漫不经心地无意翻开，这本书可能都将为你带来启示和启发。

最后，我要衷心感谢所有参与这本书的作者，他们的热情和贡献使得这本书更加丰富并有深度。同时，我也要感谢所有支持这本书的读者，希望这本书能够成为您探索植物世界、感受植物疗愈的一本有益的读物。

愿您能够从中获得愉悦和启示，愿您更加热爱和珍惜大自然，感受植物的美丽和魅力，愿您在植物世界中找到心灵的寄托和滋养。

赵泽宇

二零二三年初夏于北京后海

静、想、愈。

李冉

冥想练习10年，专业教学5年，知名冥想博主，《专业冥想课》线上播放过百万，KnowYourself「月食冥想」联合研发导师。

我思故我在。

理性思考，作为人类最独特的能力，让我们的文明高度发达，让我们与动植物成为不同的存在。但在信息爆炸的时代，理性思考的过度发展，已经开始导致焦虑与内耗。虽然深受其苦，但我们依然很难放下手机与电脑。因为“知晓天下事”带来安全感，“回忆与计划”带来掌控感。即使其中有大量垃圾信息，和内耗式思考，我们依然无法放下，因为安全感和掌控感，让人上瘾。

回想一下，当你平时出去吃饭时，是否先打开点评软件搜索一番，花掉半小时？那背后的动机，是担心选到不好吃的，想要确定找一家好的饭店，这就是安全感和掌控感。

而上一次信步走上街头，直接按照感觉去选饭店，是什么时候？虽然有些忐忑，但那种惊喜与冒险，是否让你产生强烈的“活着”和“自由”的感觉？

这是我们能从植物身上学到的东西。

植物无法思考，但植物有惊人的智慧。
含羞草叶片的开合，对天气，甚至地震都有预测能力。金合欢在被长颈鹿啃食后，会警告相邻的金合欢，分泌毒素。甚至不同种类的植物，能通过地下的菌丝，传递交换多余的化学物质。

植物不去掌控，但植物存活了数亿年。
比如蕨类植物已经有了 6 亿年的历史，人类 100 岁就可算得上长寿，树木的寿命则超过千年；比如 3000 年的银杏，即使随手摘下的枝条，在家里的花盆一插，竟然就能活下来。

植物提醒我们：理性，不等于智慧；掌控，不等于生存。
迟钝一点，放手一些，也许反而活得更好。
我探寻过许多种回归植物状态的方式，而冥想最能够让我接近植物状态。

我们对“练冥想”的典型印象，就是闭着眼，静静坐着。这就是在训练一个人，保持被动的能力。当我们身上有挠痒的冲动，心里有讲话的念头时，冥想让我们不被冲动和念头带走，而依然保持在纯粹被动和感受的状态。这可以避免我们陷入负面的行为习惯和消极的思维模式中，做到“三思而后行”，就像植物一样，不会为一只鸟、一阵风而立刻做出反应，而会把行动落实在真正重要的方面，比如让根系长向水源，叶片转向阳光。

在冥想中，练习者学习让喧哗的大脑安静下来。我们不再沉迷于理性思考，不再把想法等同于现实，而是在深深的静默中，让灵感与领悟自然浮现。比如我该吃什么？不再完全依赖各种专家的建议或科学食谱，它们每隔几年就会推翻之前的版本，而是体会身体的自然需求，我最近的消化好不好，是渴求肉食，还是素食？我是最近有点干，需要吃汤水类的食物，还是有点水肿，需要吃干一些的食物？我最近需要下午加餐吗，还是其实不饿，晚饭可以不吃？这些，都不是想出来的，而来自于我们的直观感受。我们对这种直观感受的敏锐和信赖，在冥想中，获得了极大的增强。就像植物一样，这些智慧与直感，是刻在基因里的。我们只需要向内看，让它显露出来。

古代的隐士们都在山林中与花草树木为伴，就是为了常常能看到植物，接受它们的提醒。冥想与植物，是相辅相成的。

如果你是个爱植物的人，不妨试试冥想，来更加懂得植物；
如果你是个爱冥想的人，不妨养养植物，来更加深入冥想。

冥想小TIPS

冥想中有许多不同的技巧，但有一点是相通的——静坐不动。身体的静止，感官的关闭，会让我们的心也静下来。即使你在冥想中杂念纷飞，但只要你静静坐了 5-10 分钟，那就达成了冥想的基本目标，能享受到冥想的益处了。

在「KnowYourself 月食冥想」中，也能找到与植物有关的冥想课程，让专业的导师引导你进行第一次「植物冥想」体验。

「KnowYourself 月食冥想」旨在把冥想和现代青年的都市潮流生活相结合，纳入科学与艺术的精华，在放松减压、收获身心益处的同时，让冥想成为你的内在精神源泉。让我们一起探索身体内的“植物神经系统”，找到植物的被动与静止感。

目录

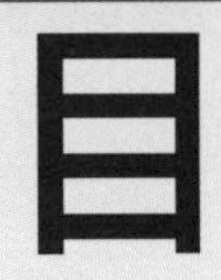

植物是收容人类欲望的容器

严 茶

园艺和博物爱好者，自由摄影师，供职在环保组织的多媒体制作人。

小红书 严茶

伴读歌单 ①

Graureihersee I
——Teleskop / Wooden Peak

含蓄，是一类人的性格特质。像我这样的人，很怕向外人呈现一个王婆卖瓜招摇炫耀的自己，但毕竟也会不甘平庸，想要证明自我价值的欲望依然是跳动的，于是养花这种生活方式，因为它本身凝聚了时间和精力投入的成果，不容易被嗤笑和怀疑，便成了我的一种向外展示或者储存欲望的方法。园艺里有一种肥料叫做缓释肥，用渗透膜包覆着营养元素让它们以非常缓慢的速度，在很长的时间范围内向外渗出，而不是暴发式地释放。化用到我的身上，也是希望植物作为我的缓释肥，缓慢持续地展示自己的欲望吧。

最近两年，一批东南亚地区及南美洲的天南星科蔓绿绒属和花烛属植物在“instagram”和“小红书”上刮起了一股热植潮流，它们共同的特点是在成年之后，可以长出叶脉清奇、体形巨大的心形叶片——对于人类这种视觉动物，以及热爱"秀晒炫"的小红书用户而言，它们无疑是一种理想的虚荣心展示的容器。但养好它们并不容易，原生在雨林中的爱心状叶片对于空气湿度、温度、土壤透气性有着截然不同的要求，北京大爷或者西安姑娘的种花经验不能无缝嫁接在这批热植新贵上。为了养出体形壮硕的叶片，我们还需要在水、土、光、气、肥五个层面人工还原它们原生产地的条件，这过程中的用心良苦可不比养猫遛狗少。于是，当某个明媚的早晨，阳光洒落在一片终于舒展开的巨大蔓绿绒叶片上的时候，我会愿意花上十分钟的时间为它拍一张定妆照，并发在社交网络上欣然向别人展示。此时的我不会戴上虚荣的枷锁，也没有心虚的愧怍，因为我展示的这片叶子承受住了我的投入和期待，实至名归。

另一种欲望，可能是人类或多或少携带的原始欲望，即关于“养成”，或者是我们常说的“控制欲”。我们总是期待一个身外之物能够顺从和回应我们的心之所想。仅就这个角度而言，植物的成长相对宠物和人，在时间尺度上更易被观察，一株听话的、野蛮生长的植物，就是人类“控制欲”最佳的投射对象。我从小学六年级开始迷恋这门爱好，带我入门的是几棵花色不同的风信子鳞茎。事实上，风信子、石蒜以及百合科的花卉，就是人们口中的“既好养又好看”的植物，无需复杂的栽培技术，甚至不必严格规律地浇水施肥，仅仅依靠鳞茎中自带的养分，它们就可以把花开得很好，给人一种“我也可以把花养得很好”的假象。但这些假象给了我最初始的动力。我至今依然记得还是个孩子的我每天起床第一时间去阳台看花蕾的情境，并在心里默默许下愿望，如果这株风信子能在期末考试前开花，我就能得到一个好的成绩。现在回想起来那些不靠谱的玄学也是可爱，仅仅因为植物的成长和我投注的关心在同一时空中相互照应，对我而言，已经是一种不可控的外在世界突然降临的关心和启示，哪怕是植物，它也是我们与这个外在世界的一丝珍贵联系。这种“养成”的获得感，让内向不招摇的人更倾向把注意力移情于物，并重获把握命运的自信。古有诗人咏梅叹竹，如今，一盆从垃圾堆里捡回来的过气年宵蝴蝶兰，时隔一年再度开花，也足以让一个颓废沮丧的当代年轻人重获生活的确幸。

“控制欲”若是在园艺的土壤里继续深挖，你大概会尝到博物学的乐趣、园丁的乐趣、分类学家的乐趣，虽然能够体会这种乐趣的也许只是一小撮人。博物学是一门古老的学问，在中世纪以前的欧洲，在古代中国的医药典籍当中，人们认识世界的方法就是收集、观察、分类，这种方法最后还酝酿出了现代科学。园林艺术则是伴随着大航海时代的到来，席卷欧洲的审美潮流。彼时的人们把异域的植物视如珍宝，出于观赏或者实用主义的目的对植物进行选育和繁衍，才造就了我们今天琳琅满目的花店和果蔬超市。所以，热爱博物和园艺的人，可能天然有一种匠人的特质，他们耐心细致，善于和时间做朋友，并且充满纯朴的好奇心和探索欲。

举个简单的例子，初涉园艺世界的花友很容易被香草俘获，他们开始感受到芳香植物气味的魅力并企图收集这些品种：薄荷、牛至、迷迭香、薰衣草、鼠尾草……然后他们惊奇地发现在分类学上它们同属一个家族，唇形科下的成员各自进化出风格迥异的香味，但共具方形的茎和宿根的习性；于是他们开始在公园里、在花园里、在踏青的野山上，看见唇形的小叶子就上手搓着闻，时间久了，他们还在唇形科的概念下认识了艾草、藿香、益母草……这种意外之喜慢慢地演变成一种意料之中，他们开始熟练地控制自己的见识和经验，最终发现香草的世界是一个有规律且能被探索到的小世界。这就是博物学、分类学和园艺的魅力之一。当在意外的惊喜之中完成对一个植物分类的观察和探索之后，还可以探索下一个分类，蔷薇科的、壳斗科、芸香科、鹿角蕨科……这是一个只要花时间就可以认识，并且充满惊喜和成就感的世界，无论是从体验感还是其他意义的角度来说，园艺都是一种不错的生活方式。

我现在回头看，不得不承认，种花这件事对我的人际社交帮助很大，虽然我种花的初衷并非为了社交。

生活在大城市里，家居中布置好看的绿植虽然不是功能性刚需，但越来越多的人意识到绿植能给予心灵温柔反馈。但是当代的年轻人远离土地，远离五谷和蔬菜，种不好是常态，于是我常常充当起朋友们的植物医生的角色。除了各种理性的经验之谈，我最常用的还是一套近乎玄学的理论：养花首先要投注关怀，“几天浇一次水”的懒惰方法是刻板且不合理的；但“溺爱”也大可不必，你以为的“它渴了”可能会害了它；你必须认真研究植物的习性，它的真实需要到底是什么。这套理论放在人身上同样适用。如此想来，种花不仅增加了我的功能性社交价值，它还教会了我如何与亲密关系相处，原来早在我遇见对的人以前，我已经和植物们排练了很久。

只要有期待，冬季就不会寒冷

郑信心
Abby

家庭园艺师，全网粉丝100万。绣球种植爱好者，用专业、易懂、有趣的视频，帮助众多新手花友实现快速园艺入门。

小红书 麦麦妈 Abby

伴读歌单 ②

Piano Sonata in D Major, D. 850 - II. Con moto
——Eugene Istomin/Franz Sch

在寒冬的荒凉里，看见春天

如果让我说，什么时候的花园是最治愈、最能让我感受到生命的力量并且充满期待的，我一定会选冬季。你可能疑惑，为什么不是百花齐放的春天，或者果实累累的秋天，而是看起来荒凉寒冷的冬天？因为冬天恰恰充满了生机。那些看似杂乱无章、正在休眠的铁线莲枝条，干枯的朱顶红和百合，不留一个叶片、光秃着枝干的月季和绣球，在它们枯萎的表面下，每一株的根系都在积蓄着一股即将盛大开放的力量。

一月的寒潮刚过，你可以在二月的土壤上感受到早春的温暖，这是播种和移栽的信号。三月绣球与月季开始复苏，枝干上的嫩芽开始按捺不住尝试着探索初春的阳光。当我们着手开始种植的时候，我们对四季的感知与体会就更加明显了。

一个真正的园丁，从冬天开始，就计划并期待着一切。所以从十二月开始，我们翻土晾晒、埋入有机的底肥、帮助植物花卉休眠、种下冷凉型的球根。我们在看似荒废又寒冷的花园里，不断忙碌着，因为在我们内心，或许这里已经是一片郁金香花境，那里是一棵浅天空蓝的大花飞燕草；这边是大葱花和洋水仙，那边是非洲菊和角堇的组合。春天的气息，早已无声无息地散布在我们的花园里，我们的内心也不再感到冬日的冰冷，而是按捺不住的兴奋。

在花园里，经历生命的成长

植物的生长、开花、结果不是一朝一夕的，当我们越来越多地和植物打交道，这种生命的力量，也会让我们变得柔软和坚韧，也更加懂得清心地守候与等待。每当春天，草花旺盛生长的时候，园丁们总会给角堇、玛格丽特打顶或摘去花苞。很多新手也许会舍不得，但其实，只要我们给予它足够的光照和肥料，认真修剪，它将会给予我们更大的回报。

生活中总有这样那样的难处、面对这样那样的取舍，在经历低谷、无法从低落中抽离时，植物的生命力常常会给我们安慰。当投身到花园的工作当中，你会发现时间不再难熬，因为每天这些花草都会有新的变化，虽然很细小，但是园丁能认出它们。在我们打理它们的时候、我们会一起经历一枝一叶的变化和一点一滴破土而出的希望。就像冬日的花园，看似荒凉的枝干，在历经严寒后的春夏里，会肆意奋力地生长，因为它已经早早为自己积累了充足的养分和力量。这样的生长过程，给我带来极大的鼓励和安慰。

五月底，我的玛格丽特还在开放。这一刻，夕阳是橘红偏粉色的，初夏的风还不算太热。我轻轻触摸这些玛格丽特的花瓣，是那种鲜活的柔软，就像是它们在和我互动，和我内心深处说着什么悄悄话。而这一刻，全世界仿佛安静得只剩下这份指尖的触感，温暖且有力量。而这样治愈而平静的时刻，还常常出现在风车茉莉的清香上，绿叶和阳光交错的光影间，还有雨季水滴洒落到叶片的时刻。

回想起很多年前，每当看到一些盆栽里播种发芽的照片，内心就非常向往。仿佛自然总能散发出某种奇妙的力量，让我觉得平静舒适，像植物一样，打起精神，向着光亮生长。种植对于我来说，就像是和自己、和自然的对话，更是一种对大自然和生命的敬畏。

开启一段阳台花园的治愈时光

快速的生活节奏好像让我们离自然越来越远了，但当我们重新开始和土壤接触，感受和触碰根系的活动，植物的生命能量好像瞬间透过指尖从泥土中传达到我们的内心。无论大人或者小孩子，在给植物催芽播种、假植移栽，再到育蕾丰收，这整个过程都是极大的治愈。所以不管我们是否拥有一个大大的花园场地，只要有一个阳台，甚至只是一个窗台，这样美好的园艺生活都值得我们去尝试和感受。

那么我们在打造一个阳台花园时，需要了解几个方面的小知识：光照、通风、浇水和施肥。

我有一个建议，就是在开始造园之前，观察阳台上每个位置的光照程度和时长，来合理布局各个园艺品种，并且根据季节的变化和各种花卉的需求，做出适当调整。在造园的第一年，建议每个月都用照片记录各个位置光照情况，以便我们在第二年调整出最适合自己的阳台花园布局计划。

另外，通风也是植物生长的关键。植物是需要呼吸的，尤其是它们的根系。虽然深藏在土壤里，但它们需要良好的通风来完成盆土的干湿循环，让枝叶和根系都得到更好的生长。浇水也是一样，不能多也不能少，当我们细心照看每一株植物的时候，我们会根据它们自身所需来合理浇灌。有的怕干，有的怕涝，园艺是最不能一概而论的。所以最好的办法是观察土壤表面 2-3cm 的干燥情况，或者抬一抬花盆感受它的整体重量，或者看看它们的枝叶与花苞是否精神挺拔来判断。

光照、通风和浇水是相辅相成的，不同的光照程度，不同的通风条件，盆土干湿循环的速度自然也不一样，浇水的频率和方法也是不一样的。所以我们需要兼顾好这三点，才让我们的种植更加顺利。

施肥时，我们需要了解的是植株的各个生长时期，所需要的三大主要营养元素——氮、磷、钾。在枝叶生长期，它们需要大量的氮肥来促进光合作用，帮助新枝新叶的生长。在育蕾和开花前期，它们需要大量的磷钾肥来促使花苞膨大，增加植物整体的抗逆性和抗病能力。只有充足的营养供给，才可以让花朵果实健康生长。不过给盆栽施肥也一定要合理，肥量不是越多越好，过量施肥反而会让我们的植株生长不良。

如果我们的空间比较偏小，但又想尝试更多数量的园艺品种，那么组合盆栽就能满足我们对大花园的想象。我们可以根据植株生长的高低来充分利用纵向空间，比如在球根植物的土面上种上一些角堇；再或者在蔬菜盆里，点缀一些浅根系的草花，品种丰富，会让它们相互之间生长得更好。如番茄与罗勒，它们是完美的共生关系，罗勒的香气可以帮助番茄驱避一些害虫，并在同一个土壤环境里吸收它所需的氮肥，留下充足的磷钾肥使番茄的果实更加甜美。

最后在种植初期，每当我们入手一个新品种，都要提前详细了解这个植物的习性和养护方法。喜欢晒大太阳还是喜阴凉，喜欢湿润还是怕涝，喜肥还是不喜肥，一年生还是多年生，怎么度夏、越冬，花后如何修剪，还有最重要的一点，适不适合我们的栽种环境。了解这一系列的知识，实践的成功率也会大大提高。

一颗种子，要洒在好土里，在适当的季节、温度、光照当中，它便会健康地发芽、生长、开花和结果，我想人也应该也是如此。用积极的心态，去面对生活中的难处，就好像我们把自己放在更适宜、更开阔的环境中，让阳光可以尽情地洒满我们内心深处，让每一个角落都可以生出希望和喜乐。

我常常觉得，不是人们造就了花园，而是我们照料的这些小苗治愈了我们。只要我们付出了、尝试了，无论是否成功，都会在这个过程中，收获许多美好。

FLOWERS
GARDEN

与植物不期而遇

伴读歌单③

Diamonds

——Seatbelts/菅野洋子

Kanoa

本名张坤，杂学派「斜杠」青年。金融公司人力资源高管，喜爱调酒、咖啡、植物手作。热爱生活与自然，热衷于发现和探索植物之美的更多可能。

小红书 KK-Kanoa

我常喜欢漫步在公园和山野间，静静地观察花草树木。每当沉浸在大自然里，看着这些各形各色的植物，感觉从眼睛到心灵都得到了净化，所有烦恼皆烟消云散。

在户外，我常收集一些看似无用的枯枝落叶，回家找个相配的花器随意一插，便是一道侘寂美学的风景线。好看的树叶和果实，采集后经过干燥处理，制成植物标本画，这也是我收集四季、留下时间痕迹的方法。

每当我在收集、整理、制作植物标本画的时候，身心会专注而放松，时常感受到大自然的神奇和其中蕴藏的惊喜。体会到积极心理学大师米哈里讲的“心流”状态——“全神贯注于此，日常恼人的琐事被忘却和屏蔽，达到忘我的状态”。也理解了社会学家郑也夫对“幸福”的解读——“幸福是你全身心地投入一桩事物，达到忘我的程度，并由此获得内心秩序和安宁时的状态”。

在探索植物之美的创作过程中，我逐渐积累了一些制作植物标本画的经验。除了植物选材外，还会根据植物的特性采用不同的干燥处理法，以及如何设计构图能让标本画更有美感和协调。

接下来我将分享一些小小的经验，希望能帮助你与植物结缘。

一、用植物收集四季

植物虽美，但四季更替，总有花开叶落，此时难免因无法保存这些美而留下遗憾。

那有什么方法可以延续它们的美吗？

其实植物标本画，就是一种非常好的保留与呈现植物之美，定格大自然的艺术创作方式。制作植物标本画，不受季节的限制，并且不会因为时间的推移而腐败凋零，还给人亲近自然的体验。户外采集的植物经过干燥处理后，往往呈现出自然又有美感的姿态。随心摆在画框里，摆弄的时候，还能回忆起在哪里遇见了它们。世界上没有两片相同的树叶，随手采集的植物也没有固定统一的样貌，但这就是植物标本画的魅力所在。

采于山野，安于室内。

在平凡事物中，发现生活美学。

自制的植物标本画与酒瓶灯

① 植物标本画制作过程

材料：干燥植物、中空相框、B7000 胶水、复古标签

工具：镊子

步骤：

1. 根据相框卡纸大小，选择合适的干燥植物，在卡纸上稍做组合，确定植物的大概位置和整体构图；
2. 根据整体构图，适当修剪干燥植物，让整体排列不至于太拥挤，提升美感；
3. 用胶水将干燥植物固定在卡纸上；
4. 在标签纸上写下植物的拉丁学名、采集地等；
5. 将卡纸放入相框中，固定好相框背板即可。

TIPS

⑴ 相框选择中空相框，高度 3cm 以上为宜，适合果实类等立体的植物标本。

⑵ 植物摆放的位置，提前预留好标签及相框边框空间。

⑶ 植物标本画需要避光防潮，雨水较多的潮湿的地区，可以在卡纸背后贴防潮贴预防。

⑷ 建议使用镊子夹取植物，一是方便操作，二是避免损坏干燥植物。

在相框卡纸上先设计出植物标本的大概位置

乌桕果实未开放的样子（绿色果苞）

乌桕果实开放的样子

② 会收获小惊喜的种子果实标本画

还未完全干枯的植物，放在相框里，随着时间的推移，植物形态和颜色都会逐渐发生变化。叶片的颜色会逐渐加深，由绿色变成深绿色，棕色变成深棕色。种子果实类的标本，更为神奇。即便它们离开了植物主体，果苞仍然会持续变化。原本是果实包裹在内的圆球状，可能一段时间后你会收获一朵“小花”。曾经制作的一幅标本画，里面有一枝未开放的乌桕树果苞。一周后的某天，无意间发现原本闭合的果苞，竟然露出几个像刚裂开的棉花一样的白色果实。

③ 万物皆有用，贝壳昆虫也入画

某天吃完香螺，看着香螺壳，脑中萌生出一个想法。是不是可以把螺壳也放进植物标本画中？于是选了几样干燥植物，又选了一个看起来可爱的螺壳，摆弄了几次，终于确定了它们各自的位置，达到了自己满意的样子。植物和螺壳，两者相映成趣，让标本画又多了一丝清新的灵动感。

贝壳可以入画，那昆虫当然更适合入画了，不过在自然里遇到一个完整品相的昆虫标本就纯靠运气了。某次偶然的机会，我在草坪上发现一只仰面朝天的昆虫，正好已经被太阳晒得干燥定型，赶紧小心地把它拾起保管。后来用不同颜色的树叶和不完整的果实，组合成一棵小树的造型，把昆虫也放入画中，感觉它在吮吸花蜜一样，给标本画又增添了一丝生动的故事感。

贝壳与植物

昆虫与植物

④ 用植物造一片小森林

植物标本不仅可以单独展示，还可以用它们来二次创作画作。某天整理干燥植物时，看到一个枝条像棵小松树似的，瞬间灵感迸发，做了一副“森系”标本画。标本画的下面一排，选了造型各异的花草枝条做“树”，做完感觉上面有点空，于是选了个颜色偏红的菩提叶当作太阳，选了个豆荚做云朵，又用零碎的小种子、果实外壳、小花苞组合了一只小鸟，最后又给小鸟的嘴里衔了一朵小花。

植物小森林

二、植物标本画制作方法

① 植物怎样干燥处理？

要根据植物的不同特性，采用不同的干燥处理方法。

• 自然风干法

在干燥的房间中，将植物平铺、插于花器或悬挂于高处晾干。

1. 适合水分含量较少的植物，如叶片较厚的叶片、松果类果实、藤类植物及部分花材。水分较多的植物，在晾晒过程中容易腐败霉变和花瓣脱落。
2. 选择干净、状态最佳的植物。花材类的不要开放过头，否则干燥后花瓣容易散落。
3. 选择颜色偏深或浅色的植物，深色干燥后会变成棕色或更深色，浅色干燥后颜色会变成草黄或米黄色。不建议选择粉色、浅黄色等植物，干燥后会带有腐败的黑色。

• 干燥剂法

修剪好的植物放入干燥容器内，将干燥剂一层一层撒入容器内，直到完全覆盖植物，密封保存等待 2-3 天。

1. 适合含水量较多的花材，如玫瑰、洋桔梗、牡丹等。
2. 花材干燥后，花瓣会变得脆弱，取出时需要小心。
3. 干燥剂选用颗粒较小的沙状干燥剂。

• 押花法

可以用专业的押花板，也可以用吸水性好的厨房用纸、洗脸巾等盖住植物夹在书籍中压实。

1. 适合扁平的叶片或需要制成平面的标本。
2. 植物之间要保持一定的距离，不要互相压到。

• 自然收集法

到户外发现和探索吧，这是最有随机性、最能给人惊喜的植物标本干燥处理法。

1. 同一种类的树，能发现不同颜色的叶片。
2. 自然掉落的果实，自然风干的卷曲的枝叶。
3. 甚至是被虫咬过的破损叶片，也有一种残缺的美。

自然收集法

为了突出右侧两个标本，左侧都选用了较小的标本做衬托

② 植物标本怎么搭配最耐看？

1. 根据植物标本的颜色，选择适合的画框颜色。颜色偏深的标本，画框颜色可以选择黑胡桃木色或黑色；颜色较浅的标本，可以选择原木色画框。
2. 确定植物标本的摆放位置，注意各标本颜色深浅交错，避免相近颜色紧挨或聚集于某一处。
3. 根据各个植物的形态协调摆放，不必对齐排列，否则会显得死板，没有美感。
4. 一幅标本画中可以有一两个特别的植物标本作为亮点，不必把喜欢的植物标本全部集中在一幅标本画中，要有取舍，标本数量也不一定要多。

③ 植物标签写什么、怎么写？

1. 对于不知道植物名称的植物，可以用拍照识图或相关 APP 识别植物名称。
2. 对于知道植物名称的植物，在标签上用花字标注它的拉丁学名，也可标注采集地点。
3. 不清楚或不确定名称的植物，也不必太纠结。只需要用眼睛静静地看它们，观察叶片的脉络，欣赏它们的姿态就足矣。

干燥植物虽不像鲜花那样艳丽动人，但它有属于自己的独特风格和质感。枝干的造型，叶脉的纹理，都立体呈现亦可触摸。它们延长了植物的生命，定格了植物的姿态。它们静默无言，但又恰到好处地陪伴着我们，温暖地“植愈”人心。

愿每个人都能在日常里与植物不期而遇。

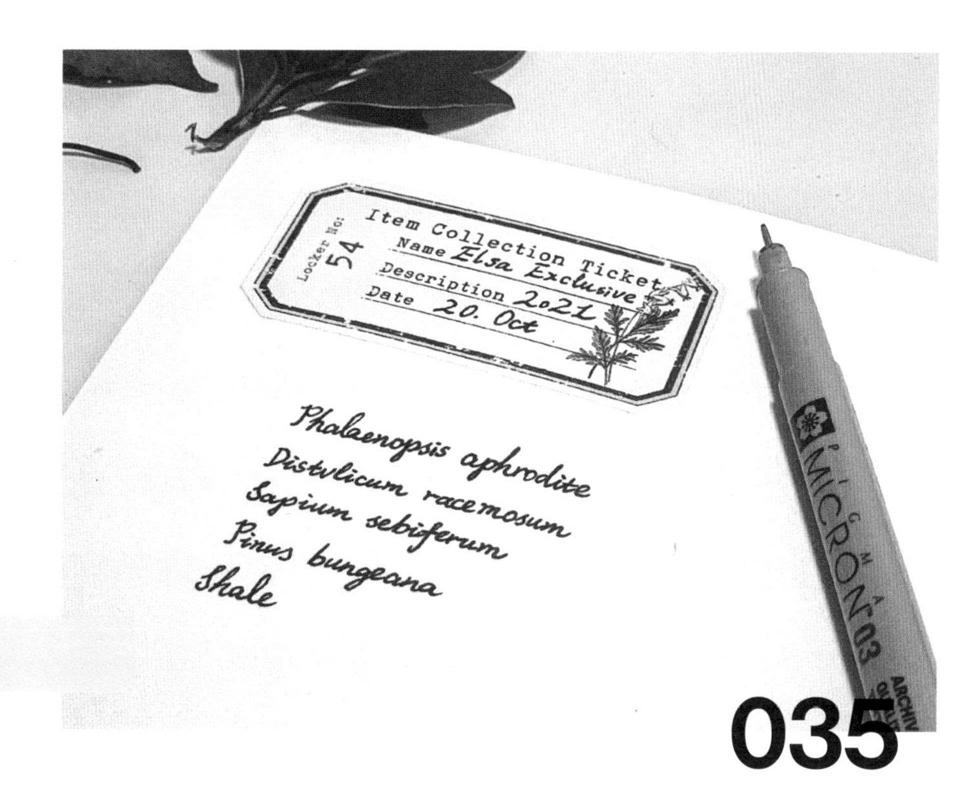

手写植物拉丁学名

自制的标本和蒲苇瓶插

植物救了我的命，愿用余生来爱它

非凡

体制内出身，现为教育品牌「天行未来系」的运营负责人，也是阿那亚民宿的主理人。狂热的旅行、摄影爱好者。

跟非凡养植物

伴读歌单 ④

♬♩♬♩♬♬♩

leta——坂本龙一

作为一个曾每天工作十几个小时的人，很难想象，经历这三年疫情后，我拥有了 200 多种植物，也拥有了更自由的人生。在网上分享自己养植物的心得时，常常被问道："你养这么多植物，浇水都要累死了吧？"我总会笑着摇摇头，累也值得，因为它们救过我呀！

生活将你"撕开"，是为了让光照进你的人生呀！

2020 年 1 月，我坐在济州岛一间咖啡厅靠海的位置，听着淅淅沥沥的雨声，远方那遥不可及的海平线，就像当时的自己一般找不到光。

当时患有严重抑郁症的我，每天睁眼第一件事就是问问自己：我为何活着？我怕有一天我会忘了……情绪的问题，让身体敲响警钟。甲亢再一次复发，走 100 米就会汗流浃背、手抖到筷子都用不好、心率始终在 130 以上、呼吸困难、无法开口说话……直到大夫告诉我可能患上了某种罕见疾病，每次去医院都有大量的医生护士围观，经常又提醒我，是不是生命就要到这里了。

被疫情困在家里后，我就自行断药了，不想再做"小白鼠"，也不想再挣扎了。居家的日子帮我掩盖了与人沟通困难的状况，所有必备品都上网购买，于是也买了几盆植物。那时没接触过热带植物，在很冷的三月买了海芋，结果出现了冻伤、叶片快速消耗的状况，没想到就因为这个"失误"，开启了后来"查询资料、研究养护、分享经验"的路，这完全是一条意料之外的路。

这条路走到今天，曾被诊断为要送去研究所的我，身体指标恢复正常了；曾经那个看三个小时脱口秀都笑不出来的我，开始对着健身操视频一边跟跳一边捧腹大笑；曾经张开嘴就像被掐住喉咙的我，每周都在更新自己的自媒体短视频。回过头看看那些咬着牙挺过来的日子，我终于懂了，生活将你"撕开"，是为了让光照进你的人生呀！

换个角度看世界，原来一切难题都只是被自己放大了

回想起来，植物跟我的缘分其实早就开始了，我对儿时印象最深刻的一幕，是小学时在姥姥家的阳台上写作文，被夕阳西下的光拥抱着，茉莉花飘来阵阵香气，手旁总放着一杯温度刚好入口的茉莉花茶。后来，我的老太太不在了，我却习惯了每年夏天守候着茉莉花开的时刻，让自己可以留住这份被茉莉香气包围的安全感，就像她还站在我身后，永远支持我做的所有决定，教会我无论经历什么，都要做个善良的人。突然想到卓别林的这段话:"当我真正开始爱自己，我才意识到，所有的痛苦和情感的折磨，仅仅是在提醒，我的生活背离了真实的自己。"

与其说我花了多少心思养植物，不如说在这个过程中我得到了多少丰盛的滋养。曾经，我是个特别以目标为导向的人，一切事情都追求快速拿到结果。养植物教会我慢下来，享受当下，教会我欣赏每一刻的美。养植物就是磨性子的过程，它们是有生命、有脾气的，想要好的状态，你就得耐心照顾它们、倾听它们的需求，然后及时给出反馈。有时候即便你付出了时间和精力，也可能换来坏的结果，也要学会接受。

现在，我会坐在地上欣赏不同秋海棠的花，雌花像小灯笼，雄花像小桃心。少数品种的叶片很普通，花却带有迷人的香气，那是一种能香到心坎儿上的甜蜜。在快节奏的生活中，我们焦虑、茫然，常常陷在情绪中不可自拔，养植物的过程却能回到最简单的快乐。当你的双手接触到泥土，满眼都是自己种植出的植物时，成就感是油然而生的。植物带给我"想到就去做"的行动力，"工作忙"再也不是我的借口。睡觉时只拉纱帘，仅为了早晨可以被阳光唤醒，起来给空气凤梨喷水，运气好的话会看到小小的彩虹，仿佛架起一道桥，走过去就能拥抱一切美好。

因为掉进了空气凤梨的坑，我还开始尝试着做手工，并从其中收获了治愈的力量。陪伴了我 16 年的猫咪"兔兔"，去年回"喵星"了，我给它做了个喵星空凤架，就好像它会一直在云端之上，只要抬抬头还能看得到。

养植物的过程中当然会遇到难题呀！出门旅行的时候、天气突变的时候、暴发病虫害的时候……但它教会我一件很重要的事：焦虑急躁都没有用，静下心来分析发生问题的原因，思考现在可以做的事，然后立刻去行动。那些看似无懈可击的难题，就在一次次小小的行动中解决了。

养一棵植物吧，你的心也会随着它长大的

我从小被教育"考试要考第一名"，这种思维方式也跟着我一起走出了校园。于是我在职场中竞争职位，在朋友圈里比较条件，但是，我真的因此收获了快乐吗？那些凌晨两三点才下班，拎着名牌包、开着车麻木地往家走，却还要在楼下痛哭一场的日子，真的快乐吗？

在植物的世界里，没有比较的概念，不管是花多少钱买的，还是拍卖来的，还是市场拎回来的，进了家门，它们都有一个共同的定位——我家的植物。我以前特别不会表达赞美，觉得那些话说出来很虚伪。可当我一次次对植物说着"你要加油，这次咱们挺住，后面就越长越好了！""哇，你可太棒了！新叶子圆圆大大，超级可爱。"我发现自己无师自通地懂得了真心赞美别人。

很多人学习如何沟通、如何处理人际关系，其实，重要的不是技巧，而是心呀！让自己的心大一点，再大一点，丢掉所有的比较、竞争，发自内心去看到别人身上的光，你会发现，人生尽是坦途、处处都是贵人。

新手别急，这可是最有意思的探索期呢！

“行动之前，装备先行”，“新手宝子”可不要看到市场上琳琅满目的植物，就开启疯狂买买买模式，先做一点功课，你的养植之路会走得更顺畅一些。

观察环境

先想好自己的需求，是想要在室内增添几盆植物装饰房间，还是想要在阳台拥有一个小花园呢？确定了自己想要养植的环境后，可以在这个位置放一个温湿度计，观察温度和湿度，因为这个数据会随着环境而变化，因此可以记录几天之中，早中晚每个时段的平均值。

浏览资料

在正式下手前，可以在各大自媒体平台多看看别人的视频和图片，前期尽量找和自己养护环境比较类似的博主，比如同在一个城市、同朝向的阳台，其温湿度差不多，参考价值会更大。

开始行动

“纸上得来终觉浅”，无论看多少书、做多少准备，如果没有亲手养护一棵植物，就无法体验那种奇妙的感觉。

我认为新手有两个方向选择植物，一个是选“好养的”，比如绿萝，不要看不起它，绿萝可不只有市场上那种绿油油的品种，还有很多花叶的品种，像是‘快乐叶子’‘大理石皇后’‘黄金葛’‘大叶银斑葛’，价格不贵，美貌却绝对在线。另一个方向就是选自己喜欢的。因为喜欢，就会倾注更多的精力和心力，遇到了问题也愿意去钻研，让自己上手得更快。

别被遇到的问题支配，你才是生命的主宰者

人就是在“发现问题→解决问题→复盘总结→获得智慧”的循环中成长起来的。所以别害怕、别担心，选择你真正热爱的生活方式，回到大自然的怀抱中来。人生从来不是被遇到的问题决定的，而是遇到问题后做出的反应，“退”还是“进”，“想办法”还是“认输”，你的反应才能决定事情的走向。

我是非凡，有幸拥有一些关注，却从来不认为自己是什么博主，我只是大家身边一位乐于分享养植经验的朋友，我耐心回复每一条留言，因为植物救过我，所以我也希望这束光能够照进更多人的伤痕中。终有一天，回头看走过的弯路，都是风景。

热爱能治愈一切，这是真的。

伴读歌单⑤

Aqua (from Playing Piano for the Isolated)

——坂本龙一

光
就在我们身边，
只要你
愿意发现它

李文玉

山东威海人，英语教师，资深美剧爱好者，喜欢用手帐记录生活。

小红书 Green Hand Plants

村上春树在《海边的卡夫卡》中有一段话："暴风雨结束后，你不会记得自己是怎样活下来的，你甚至不确定暴风雨是否真的结束了。但有一件事是确定的，当你穿过暴风雨，你早已不是原来的那个人了，这就是暴风雨的意义。"我对这段话有着强烈的共鸣，大概是因为我也经历过人生的暴风雨……那些至暗的日子，犹如梦魇般的存在，让我挣扎于生死之间，看不到任何希望。

植物带我走上重生之路

2月，春寒料峭，我从上海回到山东老家，那时家里唯一的植物就是几盆绿萝，这号称园艺界最"皮实"的绿植，也因为疏于照顾，而变成了一盆盆枯枝败叶，看着那些已经枯了的叶子，想着自己这一年的经历，那一刻我竟然和这几盆绿萝共情了。我迫切地希望它们能好起来，因为我幼稚地相信，如果它们能活过来，那我也能重生。于是我把这几盆绿萝搬到阳台，浇透水，剪掉那些干枯的茎叶。接下来的一个月，我几乎每天都去看一眼它们，寻找着一些细微的变化，慢慢地，一片新叶，两片新叶……我知道它们已经好起来了。感动于这顽强的生命力，我也尝试着让自己走出阴霾，不再自怨自艾。

转眼3月，北方不再寒冷，一切蛰伏的美好正在醒来，我正式开启了自己的绿植之路。我接触的第一个绿植是海芋，'绿天鹅'海芋的叶子像一块墨绿色的绒布，摸起来毛茸茸的；'萨利安'海芋的叶脉呈荧光黄色，叶形霸气；'内罗毕'海芋的秆子竟然是粉色的，像极了火烈鸟的腿……可以说海芋为我打开了绿植新世界的大门，颠覆了我对观叶类植物的认知。

4 月，草长莺飞的季节，也是绿植市场最活跃的时候，控制不住的购买欲让我流连于各个网络绿植直播间。起初买绿植没什么计划性，很随意，好看的会买，便宜的会买，流行的也会买，不知不觉家里的绿植多了起来。随之而来自己在养护上的短板也暴露了出来：'萨利安' 暴发红蜘蛛、'绿天鹅' 海芋闷根、'青苹果' 竹芋焦边、'鳟鱼' 秋海棠掉叶子……我终于意识到了自己"杀手"的本质，停下了买买买的小手，开始认真学习养护。

买了几本养护相关的书，关注了一些绿植博主，并结合实践，慢慢地我也摸索出了一套属于自己的养护心得。比如按光照分类，有喜光植物，有耐阴植物，可即使是喜光的植物，也难以忍受夏日中午的太阳暴晒；而耐阴植物呢，真要把它放到自然光极差的卫生间，也不见得能长好。所以到底什么样的光线才是适合植物的呢？如果非要给出一个具体数据的话，90% 以上的植物在 3000-20000Lux 光照条件下可以稳定生长，如果家里没有测光仪，无法准确地判断光照强度，还可以简单粗暴地以窗户为参照物，距离窗户 3 米内的空间都适合摆放植物，随着摆放位置越高，离窗户越远，光线会减弱。而在光照需求方面，彩叶芋 > 海芋 > 蔓绿绒 > 花烛 > 秋海棠，大致按这个规律进行绿植陈列就不会出错。同时，也可以根据植物状态去判断光照是否合适，比如当光照过强时，植物叶片会出现焦边、消耗过快、耷拉，当光照过弱时，植株会出现僵苗、徒长。循序渐进地挪动摆放位置，并观察植物变化，总会找到适合它的地方。

如果说光照影响植物生长的好坏，那浇水则是关系到植物的生死。这比较好理解，浇水是直接作用于植物根系的行为，而根系就是植物的命脉所在。我总结了两个浇水诀窍，可以像公式一样，套用在各类植物身上。第一，判断浇水时机，我最推荐掂盆的方法，当你觉得盆土明显变轻时，就说明植物要浇水了，夏天避免中午浇水，防止闷根，冬天避免晚上浇水，防止冻伤。浇水后则要加强通风，并且避开太阳直晒；第二，建议新手们给每盆植物都配一个托盘，沿着盆壁浇水，直至盆底就有水流出，当托盘的水满时停止。此时如果盆土较干，托盘里的水就会被迅速吸完，如果盆土不够干，那就半小时后倒掉托盘里剩余的水，这类似于给植物浸盆，可避免水浇不透或浇太多，而且这样浇水会使得水分集中在盆的边缘和底部，根系有向水性，自然也会诱导根系向外向下生长。

哈佛情商课
马云 我的管理心得

植物跟我说的悄悄话

养护能力得到提高后，我的室内“小森林”也越来越具规模，到了冬天，北方的室外已经万物凋零，而我的家里却绿意盎然。有时候望着窗外飞舞的雪花和屋里这些天南星科植物，我在想，它们的原生地可是热带呀，都说“夏虫不可语冰”，可如今的热带植物不也能欣赏到北温带的雪吗？人生那么长，奇遇又何止这一点。

以前总以为养绿植无非就是浇水施肥，可真正喜欢上绿植以后发现还有太多与之相关的事情了，比如植物生长对比、展叶记录、延时摄影、标本制作、植物图鉴、扦插繁殖……每一件小事都让我乐此不疲，而在做这些事的同时，身上的负能量也慢慢得到排解。植物都是先积蓄能量长根，再长叶，我们何尝不是倡导厚积而薄发呢？海芋长新叶的时候，往往会以消耗一片老叶子为代价，可面对选择的时候，我们是否能做出这种取舍呢？有的植物想养出漂亮的二型叶，就必须不断地给它“砍头”，重新扦插，你是否为了心中的梦想，而忍受一次次地从头再来呢？植物不曾说话，却悄悄给出了答案。

养绿植是一件解压而又治愈的事情，所以得到了越来越多人的追捧，可不乏一些人养着养着把它变成了另一种负担。养植物贵在养心，我希望以过来人的身份，给出几点忠告，缓解一部分焦虑：

① 不要跟风。花烛坑，蔓绿绒坑，秋海棠坑，海芋坑……请你先判断一下自己家的空间环境、能投入的精力、消费水平，再去入坑，盲目跟风就可能导致什么也养不好。

② 不要冲动消费。尤其是价格比较高的植物，要谨慎购买，说到底植物不是必需品，如今提倡消费降级，买植物也要适可而止，那些需要你咬咬牙才能买的植物，只会成为你的负担。

③ 不要内卷。不要羡慕别人养的植物状态好棒、种类好多、摆放得好精致，人们总是会把植物状态最好的一面展示给大家，别人也有养不好的植物，只不过没让你看到而已。

④ 不要有鄙视链。大神鄙视新手，贵货鄙视普货，如果因为自己养的植物比别人贵，比别人好就自带优越感，那大可不必，因为再贵的植物也填补不了个人价值的洼地。

⑤ 不要太功利。别老想着涨价倒卖，扦插回血，好好的植物还没长出状态就被大卸八块了，这种逐利心态不应该出现在园艺圈。

如今，我书架上的绿萝枝条已经能够垂到地面，没人知道一年前它们衰败的样子，时间治愈了它们，而它们也治愈了我。体面地活着就已经艰难，当你抬眼只能看到沙漠时，不妨在家里建一片绿洲，它带给你的，不仅是陪伴，更是希望。

伴读歌单 ⑥

Valse Imaginaire II —— Oslar Schuster

发现植物生命周期的另一面

海琴

海琴

花道家、草月流师范、花植设计师、QUEEN WAIT 主理人。

记忆与创造记忆

很小的时候，我就踌躇满志，长大要开一家花店。我常常躺在野地里，看天上的云朵，那时候自然也许已经在心里种下了召唤的种子。读书时，大人说在蚕豆上找一种像耳朵的叶子，夹在背不住的那篇文章里，就能把里面的文章一字不落地背下来，全班同学下课了都在田埂上收集这种像耳朵的叶子。

这是我对植物标本最初的记忆，于是想把这份记忆变成共性的表达。把四季的花和叶子做成平面花材，给大家进行二次创作，做成一幅画，一幅可以定格他们当下记忆和体验的画。这是我开设压花体验的初心。

空间表达

过去十年，一直在上海保持初心，顺利运营着这家闹中取静的体验空间，最重要的是很多人都愿追随自然。我们在满是梧桐树的淮海中路，开设了一间满是绿色的体验空间，花园里老桂花树撑起绿色天幕屏障，在户外 60 平方米的花园里，共生着上百种自然生命，建立和植物共生的环境。在这个磁场空间里，持续发生了很多美好。

不知道怎么和大家介绍我们在做的事，压花艺术体验？草月流的花道课？满是苔藓的微小景观设计？还是二楼的调香教室呢？自然给予的灵感实在太多，就先从纸上的压花聊起吧。

QUEÉN
FLOWER

压花设计

叶片、花朵、昆虫、贝类、树根等，如何利用生活中常见素材去表达、创造？除了挖掘感性的无意识创作，还需要理性的主创意识。

矩形

可以分割画面，突出表达的焦点，彰显层次，产生很强的前后空间感，利用矩形，在设计里得到主题规则。

圆形

最常用的设计元素之一。使用圆，可以让表达的画面更加突出、视觉更加协调。拆解圆形变成半圆，或者四分之一圆，会产生虚实空间的对比，营造神秘的想象空间。这些都是因为圆引发的空间联想。通过形状，打开思维，会得到很多实践的可能性。

矩阵排列

不同素材的平面结合，采用矩阵排列，得到秩序感。在情绪感受上，有秩序和平衡感。

场景

建立花丛的场景感，最直接的方式就是采用近大远小的原理，遵循我们的视觉原理。近处放置的花朵略比远处的花朵大，就能表现出花丛的纵深感和体积感。这时候，花朵旁边的叶子采用不同大小、正侧面的配合，在平面的纸张上实现近实远虚的真实感。

自然主义

最近网络上都在提到的自然主义，也可以是实践压花创作的开启方式。有一年我在佛罗伦萨附近，路过一处荒野的花园，里面多是多年生和一年生的草本植物，风吹着缬草、莳萝、刺芹，还有大片虞美人，它们摇曳生姿，呈现出随机感很强的美。这种带着呼吸、自由和舒展的美好记忆，也促成了我很多有关自然主义的想法。

在纸张的低处，使用团状的色块花朵，做聚拢表达；高处是直立的线性植物，把整体的空间感做延伸。这样的块状和线状植栽组合方式，在平面压花的设计里，也能得到观赏者对自然花园的无限联想。

彩

到色彩，就有太多可以设定的主题了。对比色、邻近、互补色、无彩色，这些最基础的色彩往往是我们可无限利用的。但是需要注意，一个作品里，只能保留个语言，不能什么色彩都想要，作品要设定有指向性的、晰的主题去表达。

然肌理

竹叶压成平面之后，没有了湿度，表面会出现粗糙、涩的视觉感，鹅卵石的表面是光滑的，梧桐树皮是斑的，这些就是自然肌理。

以利用植物本身的质地、肌理感，进行有主题的、有本的表达，观赏者很容易在这样的自然物体表面，得某种情绪上的联结。

发现、得到

尝试挖掘自然与生俱来的美感。

大地，本身拥有高级的结构感。连排的水杉树林、远处的山脉和草原、大片的湖水和天际……这些我们从出生就开始用眼睛去记录的美，早已刻在我们的记忆里。去发现、放大，然后得到某种主题。

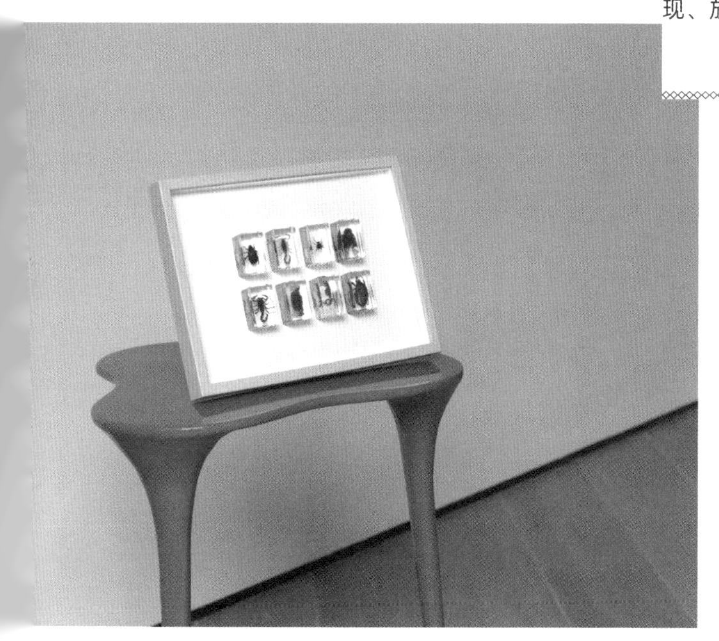

情绪

我们是多么频繁地提起情绪。看到美丽的花，会雀跃；看到绿意葱葱的绿植，倍感清凉。很久以前，花园里来了一个很安静的男生，说坐一会儿就走，问了几句才知道，上一次他是和女朋友一起来。不清楚他们的过往，但是我知道他们的记忆里，应该有这片葱郁的绿色。把心放在一个状态里，会得到对应疗愈的情绪，会是欢快的、雀跃的、宁静的……

最近有记录创作视频的习惯，喜欢铺一块黑色的桌布，在做作品前点个蜡烛，或者放一朵小花，创作需要对应的情绪，观赏者也能感受得到。也会花点时间找感觉对的配乐，听觉和视觉的设计，可以把人的思维带去远方。

观念

我把创作压花的视频，分享在社交媒体上，引起很多热爱手作和植物的网友们关注。被问及最多的就是，压花能保存多久？

有很多办法可以把压花保存很久，如给作品过塑封膜，隔绝空气，但是我们完成的作品几乎没有这样处理，只是用对应尺寸的相框装起来，挂在墙面上装饰。

上海湿度较高，我会时不时会用抽湿机对空间做湿度调整，也仅此而已。不太喜欢花朵被塑料膜锁住，这样处理作品一般保色放置可以持续1年左右，然后褪色成大地复古的色调。这么久的时间就够了，我们要允许告别的发生。

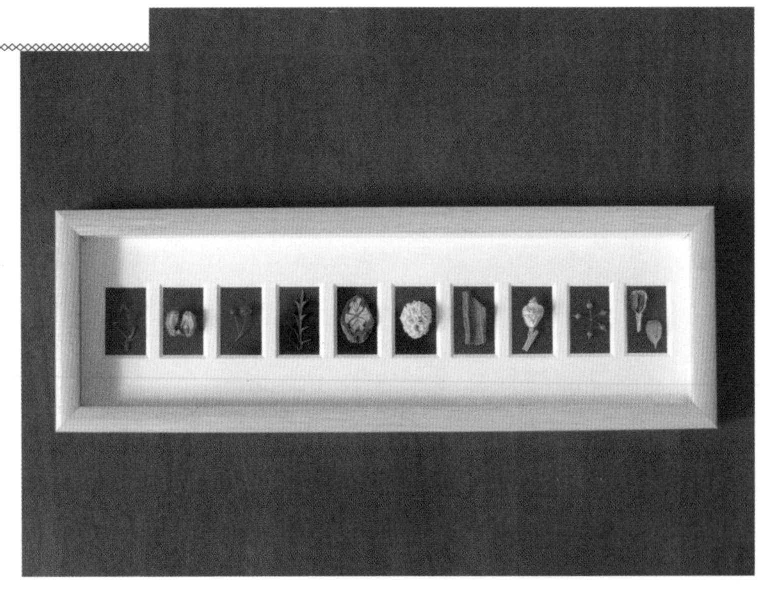

拥抱

如毛姆所说，一个人能观察落叶、羞花，从细微处欣赏一切，生活就不能把我们怎么样。2022 年对上海来说是很不寻常的一年，可以试着从植物的体验里得到宁静。树上的鸟儿吐出吃剩的果核，可以重组排列成有趣的队形；盛夏时，拍下金蝉脱壳的惊喜瞬间。空出闲暇时间，拆解重组一片蕨类，通过专注体验当下，脱离受限的情绪。植物本身具有向光和向上的状态，在它们身上可以获得不同程度的感受力。我喜欢有鸟类歌声的地方，那里的早晨是最美的，窗户外面是阳光、树木和寒风，里面是火炉、书本和茶桌上的花。

愿我们在自然里都能找到“植愈”之地。

无用 之用 是我的 生活补充剂

Xiaozhang

网友称为「校长」，坐标广东，95后植物收藏家，野生园艺摄影师，入坑园艺12年。近两年入坑种植热植，佛系养法。长期种植各类植物，每日坚持为天台植物拍照记录。治愈系图片的生产者。

小红书 Xiaozhang

伴读歌单⑦

Graureihersee II

——Teleskop / Wooden Peak

与植物结缘大概是在中学时代，当时是我 14 岁生日，想要做一件很特别的事情，刚好在购物网站上看到神奇的多肉植物，然后就精心挑选了 4 棵多肉，把它们当作宝贝一样养起来。那时多肉植物还没正式火起来，在这种机缘巧合下，就与园艺结缘了。

初中的寄宿生活，让我无从适应，离开熟悉的家庭生活独自一人去学校过寄宿生活，这件事让我十分崩溃。是园艺给了我一种莫名的力量，一种盼望着改变的希望，让我的生活有了些生机。

从周日晚离家到学校，就在脑中记住当天植物的状态，到了周五回家时，看到植物正在慢慢地变好，这成为我一周中最期待的事情。由种子经过几天的发育，慢慢地成为一棵小绿苗，由小苗到开花，由开花到结果，大自然的力量总能给人一种治愈的感觉。这十年的园艺生活，这些不当吃不当穿的无用喜欢，恰恰让我成为一个有趣的人，在生活中充满能量的人。

我从“虚度”中获得力量

如今生活节奏快得找不到自己的影子，忙忙碌碌终不见日，我会时不时地提醒自己：有时候不妨走慢一点点。十年来，坚持早起到天台花园浇水、施肥、修剪、拍照，到院子里收取每天的能量，摸摸新长的叶片，拍下惊奇光线下的植物，比一杯浓缩咖啡都要管用，让我风雨无阻地坚持下去。

植物的生长变化绝对是一种来自大自然的强大力量，能治愈心灵。看着植物在自己照顾下茁壮成长，是一件无与伦比的美事儿。但“花无百日红”是不得不面对的。不管是有虫害还是病菌等各种因素导致植物没能好好地生长，我们大可不必为此感到郁闷，这恰恰是植物带给我们的启示。放平心态，想想我们是为了什么而种起了植物？对我而言，是为了在苦闷的生活中寻找一些寄托，寻找一些难得的属于自己的快乐时光。生活也是如此，不是所有事情都像预期一样发展，只要做好自己的本分，其他的就让它自然发展。

植物生活已经完全融入我的血液当中了，是名副其实的“植物人”。在繁忙工作中，独自一人坐在花园，发呆享受植物带给我的安静启示，是一件十分有趣的事情。放眼望去，整个花园充满了自己过往的痕迹，充满了生机。这个花园里融入了我的生活、我的情绪、我的爱，甚至是我的怪癖和小嗜好，即便是毫无章法、乱成一团，这也是属于我自己独一无二的花园，这就是花园存在的意义。尽享此园，尽在此刻。

养植物要有想象力

园艺的“坑”一个接着一个，从最初的启蒙植物多肉，到后来的仙人球、草花、龙舌兰、兰花、空气凤梨，再到近来的热植、块根植物，我沉迷其中不亦乐乎。近两年来自热带的观叶植物，是园艺届的新宠，大多是天南星科的，长着特殊迷人的纹路、叶形、质感。

要养好一种植物最好的方法就是到原产地感受一下，当然这可能是不太现实的。那就到网络上搜索植物原产地的生长环境，再结合自己的实际环境看看我们能否能创造出类似的环境。

温度、湿度、水分、光照、土壤这几个方面是决定植物生长好坏的重要因素。根据自家的实际环境，尽量满足植物对这些条件中的需求。

温度，生存温度：15-35℃，最适宜生长的温度在 25-30℃左右。以我所在的广东为例，我是在楼顶露养的方式，温度是我无法改变的，夏天只有通过拉遮阳网、喷淋，稍微能降低点温度。35℃的天气很平常，但是在遮阳网的帮助下，植物生长还是挺不错的。冬天虽然说广东并不冷，但是总有十来天是冷雨天，气温低于 10℃，这对于植物来说是致命的，有一年的春节，热植就冻伤了许多。遇到这种天气，只要在下雨天时候，把植物搬入到室内，冬天就能安全度过了，不用另外做保温措施。

湿度，是热植长好的重要因素。广东的气候其实算是热植开挂般的存在，大部分时间都能有 50%以上的湿度，这对于大部分热植来说足够了，除了个别需要高湿度的花烛等品种。湿度一旦不达标，叶子就会长得卷卷的，很不标致。

水分，浇水的频率绝对不是“几天一次水”这样规律的。每个家庭的通风环境不同、土壤基质不同，浇水频率要视情况而定，也可以掂量一下花盆的重量，看叶片的坚挺程度，再决定是否需要浇水。以我露养的环境，基本上一天一浇水，夏天需要早晚各浇一次。每天浇水是一件十分有趣的事情，轻松治愈。

光照，参考路边公园里的环境。滴水观音、合果芋、春羽、蔓绿绒等都是生长在大树底下的植物，就是常说的散射光。这些植物夏天需要给它们拉遮阳网，千万不能直接暴露在直射光下，叶片绝对会被晒焦的。温度在 25℃左右的时候，可以随便晒，但高温暴晒却是致命的！

土壤，是为植物固定根系、供给养分的介质。别考虑得过于复杂，泥炭、珍珠岩足够用了，简单易得、价格亲民，两者的比例可以根据植物的特性具体调配，让土壤的干湿循环最好在三天内完成。

植物是一种生活的调味剂，不要让它成为自己的负担。别整得自己太累了，变得本末倒置。看着它们慢慢变好，是一种十分治愈的感觉。活在当下，好好感受。

TIPS

可以多尝试、多观察，植物摆在什么地方，会长得开心。多尝试，总比测光仪器有用得多，也有趣得多。

我的迷你都市雨林和植言植语

伴读歌单 ⑧

Sundays[Just Piano Version]
——FKJ/Vincent Fenton

盆盆周

本名周鹏，一位定居广东的绿植爱好者，本职从事市场工作，于两年前接触热带观叶植物，并成为工作之外的最大乐趣，喜欢分享、讨论关于植物的一切话题。

小红书 盆盆周—植迷者

我与“植儿植女”们在一起

我的热植入坑之作—绿天鹅绒海芋

结缘

坐标：广东深圳
气候：亚热带季风气候，全年均温 20℃以上，堪称热带植物天堂

2020 年新冠疫情席卷全国，忙碌的都市生活被按下了暂停键，家居生活变成了居家生活，我有了更多的时间上网和阅读，也在寻找更多新奇的生活方式来消遣这漫长的宅家时光，有人养狗，有人撸猫，而我，与这些魅力无穷的热带观叶绿植在此刻结缘。

入坑

除了琴叶榕与龟背竹这些初代网红植物，海芋、蔓绿绒与花烛这一些天南星科植物也慢慢进入更多人的视线。硕大无比的叶片，形态各异的叶型，迅速俘获了我的心。2021 年我正好迁入新居，网络上流行的 Urban Jungle(都市丛林)，在我脑海中掠过，于是我邂逅了人生中第一棵海芋属植物：‘绿天鹅绒’海芋。

“初恋”难忘，也值得珍惜，这棵‘绿天鹅绒’海芋在我的悉心呵护下很快就枝繁叶茂，我把它放上了小红书平台分享，竟然收获好评一片。悦人亦是悦己，这种奇妙的愉悦感在心中蔓延，心中欲望之“潘多拉魔盒”就这样中了魔般地打开了。

层叠式摆放，打造雨林纵深感

植物补光灯改善光照

痴狂

这份对绿植的贪恋，填不满，也掏不空，蔓绿绒、花烛、锦化龟背竹……一盆接一盆纷至沓来，潮水般涌进我这方不足四平方米的狭小空间。

我的新家没有南向客厅阳台。为了获取更大的居所空间，与家里两间卧室相连的南向阳台也作了封闭，与卧室房间打通融为一体，这样的养护环境空间狭小、光照偏弱、通风欠佳，对于家居植物而言，其实是不太理想的，但为了那个“都市雨林”梦，我对自己较劲儿说：“如果面积只有三平方米，我就塞满三平方米；如果层高只有两米，我就填足两米。”

为了高效利用空间，营造层层叠叠的雨林视觉感，我增加了阶梯形花架，清空了墙挂书架上的书。阶梯形的花架很容易打造出高低错落、前后有秩的纵深感，我在上面摆放了‘明脉’蔓绿绒、‘麦克道尔’蔓绿绒、‘荧光’蔓绿绒、锦化‘麒麟尾’等大叶植物；而墙挂书架则非常适合摆放藤蔓与悬垂类的植物，‘柠檬汁’‘白兰地’‘云母’等品种的蔓绿绒，以及‘领带’花烛都成为我的“座上宾”。

随着植物增多，层叠式的摆放虽然利用了空间，却影响了透光，于是我又添置了植物补光灯与手持测光仪，根据光照强度、结合植物光照需求，不停地调整位置，确保每一盆植物都能得到适合的光照。为了增加空间的通风度，减少植物病害，我又搬来了循环气流扇，畅通的气流，让叶片摇曳生姿，长藤曼妙轻舞，用不了多久，这片迷你都市丛林有了雏形。

探寻

我经常数小时沉浸在这片迷你雨林里静默、发呆或思索，我四处张望，总觉得这里少一盆植物，那一盆植物的株型有点儿走样。我也会轻抚每一片叶子，检查叶片的状态，判断它们是否有虫害，或者缺少养分。这种零距离接触间，仿佛能感受到植物的轻柔呼吸，聆听到它们的呢喃耳语，这是一种自我疗愈的过程。我喜欢用双眼观察植物每一次新芽萌动，用相机记录每一片新叶舒展，也喜欢把这些精彩片刻在自媒体平台上与人分享。我惊叹造物主的鬼斧神工，也敬畏生命成长的蓬勃力量。

在疯狂追寻的过程中，总会听到各种质疑：植物养多了会不会争夺室内氧气？会不会使房间潮湿……林林总总，我总会耐心地用科学的道理上与他们分享对这些问题的理解。家庭园艺其实不是新鲜事物，但它确实是一件专业的事，分享的过程也是一种科普，当看到有人放下这些疑惑开始了他们的绿植生涯，对我来说是一份心灵的饕餮犒赏。

在我的影响之下，我五岁的女儿也将好奇心投射在了植物之上，她们会争先恐后地喂植物“喝水”，会十万个为什么地问“为什么龟背竹上会有洞洞？”“为什么植物会有白斑？”（指锦化植物），我也会通俗浅显地给她们解释光合作用、蒸腾作用，与她们一起欣赏延时拍摄的植物生长记录，我相信这些潜移默化的熏陶，会在她们心中播下爱的种子，教会她们感谢生命，珍惜生活。

感谢这个八方互通的互联网时代，让我通过自媒体平台结识了更多拥有共同爱好的植物玩家，与他们一起分享自己的养护心得或有趣的“翻车”经验，人与人的情感，通过这些可爱的热带绿植，又焕然新生了。

心悟

有网友问我如何在家庭环境养好绿植？我笑说，这是门“玄学”。其实居家植物养护，永远都围绕温度、光照、水肥、湿度、通风、土壤、盆器七大要素展开。从中国的“道”文化来看，这七大要素之间本身也是一个整体关联、动态平衡的过程。这些“道”理，从大可用于营商从政，往小也符合植物养护，从来就没有完美的养护环境，更没有可以复制照搬的养护经验，因地制宜、因植而异、胆大心细、小心实践、反复总结，才能悟出自己的养植之“道”。

养护植物的过程，难免会经历紧张、担心、期待、沮丧、失望，但你也会深深享受其中的期待与喜出望外。

观赏植物是一种自我满足，养护植物是一种修心与养性。

世界上没有两片相同的叶子，但所有的植物玩家们却有着月复一月、年复一年的相同期待，我更期待越来越多的朋友也立即开启这趟绿植之旅，让我们一起体会植来植往之妙，感受植言植语之魅。

东北大哥的热带雨林梦

武阿蒙

辽宁沈阳人，名人肖像摄影家，壹零壹照相馆主理人，资深花鸟鱼虫爱好者。

汉姝和阿蒙的私家雨林

伴读歌单 ⑨

绿色灵魂 Green Soul

——引力波 / Sound Blanc

人总是向往着完全不同的世界。

习惯了寒冷干燥，就向往温暖潮湿；习惯了都市文明，就向往丛林的原始。

我生长在东北沈阳，在这里“四季分明”意味着一年之中有将近半年的时间都很难看到绿色。生活在这片钢筋水泥的丛林里，夹杂的松柏杨柳也显得暗淡沉重，让人常常会感到压抑和窒息，也许是对自己周围熟悉的环境感到乏味，我向往着和这里截然不同的景象，我需要一个可以让我逃离和回归的地方，我渴望被自然拥抱的那种舒适与安宁。

有谁能够抗拒热带雨林的魅力呢？终年温润，雨雾弥漫，阵阵鸟鸣猿啸，在深浅交织的巨大树叶间随处可见妖艳诡异的生物，浪漫、神秘甚至危险，激发着无穷无尽的想象。

想要在那里生活无疑是奢望，那么就让我在自己的家里创造出一片“热带雨林”吧。

几年前，我们选中了一栋别墅作为我们的新家。房子很老旧，几乎要拆了重建，这却为改造提供了更多的可能性。规划完所有的空间之后，三楼北面还剩下四十平方米的空间可以做成阳光房。一个大胆的想法出现在我的脑海里：在这里建造一个热带雨林主题的室内植物园，一个可以让我和家人随时亲近自然的空间。

想象中的情景有多美好，需要面对的现实就有多残酷。我想要的是真正近乎雨林的体验，而不是在房间的角落摆几株大叶子绿植那种干瘪的“雨林感”。在东北想要凭空打造出一片室内雨林，就好像在沙漠里开辟出一片绿洲一样困难。最大的阻碍就是气候，夏有酷暑，冬有严寒，春秋又格外短暂，全年都非常干燥。不但要使植物可以在其中健康地成长，同时也要让家人觉得舒适。采光、通风、控温、保湿全都是棘手的问题。在做基础建设的时候，就要把这些问题都解决。玻璃制成的阳光房里，夏天最热的时候超过 40℃，简直就是一个巨大的烤箱，雨林植物可以耐受相对高温，却无法忍受憋闷的环境。所以不仅要尽可能地增加通风窗口，还要配备风扇增加空气的流动。尽管生长在热带，长着宽大叶子的热带植物却不能忍受炎炎烈日的暴晒，必须要为它们挂起遮阳网。冬天的严寒对这些植物来说同样致命，没有保暖设施的玻璃阳光房就是一个冰窖。地热和暖风都要配置好，还需要在裸露的玻璃窗前贴上塑料保温膜，这样才可以保证植物安然度过冬天。如何保持湿度也是一个很大的挑战，除了有一个有流动水系的池塘之外，自动喷淋、造雾器和加湿器也必不可少。有了这些硬件设施的帮助，即便无法完全模拟出和原生地一样的环境，也基本具备了足够让热带植物正常生长的条件。

这个空间就像是一张空白的画布，而接下来的布置就好像在创作一幅画作。首先要确定好每一处景观大致的形状，搭建结构，也就是整幅作品的“骨架”。我脑海里想象的是一个尽量接近自然的环境，所以用到了大量的沉木、枯树枝干、老藤和火山岩。到搭建的时候才发现，天然形成的形状完全随机，根本不受控制。我只能把各种素材安置在大概的位置，然后根据它们的形状即兴摆放、堆砌和缠绕。整个过程就像是一场杂乱无章的堆积木游戏，反复破坏和重建不断消磨着我的体力和最初高涨的兴致。到最后我也只能和自己和解，真正的自然中一切都充满了偶然，就当一切都是最好的安排了。

如果不算上人工搬运大量的花盆和手动掺和搅拌将近半吨的营养土，那么接下来栽种植物的工作就是最有趣的部分了。选择植物的品种，除了要成全自己的喜好，也要充分考虑植物的形状、线条和色彩，以及如何把它搭配在一起才能够呈现出和谐的层次感。天堂鸟、琴叶榕、蒲葵和美丽针葵这些高大的植物几乎都长到了顶棚，正好可以确立景观的高度，而且也奠定了热带雨林的基调。很多附生植物也非常喜欢依附着这些高大植物生长，看起来非常热闹。

要说最有代表性的雨林植物，就一定少不了天南星科的观叶植物。形态各异的宽大叶片给整个景观提供了丰富的线条和色彩。锦化的龟背竹和蔓绿绒绝对是我的最爱，大小不一的色块或斑点毫无规律地泼洒于绿色的叶片上，好像一幅幅即兴创作的抽象画，我永远也无法猜到下一片新叶子会呈现出什么样的图案，几乎每一片都是一份天赐的惊喜。没有人会拒绝各种花烛叶子那丝绒般厚重且丝滑的质感，叶脉明朗清晰，就像是用银色的笔勾画出变幻莫测的网纹图案。谁说叶子一定是绿色的？轻盈通透的彩叶芋甚至比许多花卉都要艳丽多彩，无论放在什么地方都是最抢眼的主角。

蕨类植物不但给这个花园带来了纯正的热带雨林味，更增添了些许原始的气息。在温暖潮湿的环境中，蕨类植物展现出旺盛的生命力。它们可以附生在沉木或者是干枯的树干上，可以栖身于水边岩石的缝隙间。细长的蕨类最让人心动的地方，就是新叶发芽的样子。柔嫩的幼芽从出生的蜷曲，慢慢伸长舒展，变得越来越强壮，充满了力量，直至完全长成。还有一些大型的蕨类，刚发出的嫩芽上还会布满绒毛，好像未知的神奇动物一样。不久，就会长成不输给树木的高大植物。

热带兰花一直是我最为着迷的对象。和淡雅清幽的国兰不同，热带兰的色彩更加绚丽夺目，形态更加诡异妖艳，好像热带雨林中飘忽不定的精灵。蝴蝶兰、文心兰、兜兰、石斛兰还有卡特兰这些热带品种多为附生型兰花，在根上裹上一些苔藓就可以直接固定在树枝或者藤蔓上。它们粗壮有力的根系非常喜欢通风的环境，可以很好地吸收热润空气中的水分，它们精致而奔放的身姿点缀在茂密的绿叶之间，显得格外地亮眼。

当整个花园建造完成的时候，这片私家雨林就成了一家人最喜欢的空间。我的妻子儿子都愿意在这里休憩玩耍，享受着自然给予的恩惠。而我在家里的大部分时间，都是在这里度过的。每天早晨的第一件事，就是到这里深深地吸上一口混杂着花香和苔藓味的湿润而清新的空气，那一刻仿佛我真的置身于雨林之间。我最大的乐趣，就是照料打理这些植物，看到它们每天都在健康地成长，我的心里就充满了愉悦和宁静。

这就是我要回归的地方吧。

花烛收藏家

梅航竹

出身收藏品世家，邮票、钱币、金银币、翡翠爱好者。北京地下花房主，乐植生活leplants 主理人，爱好收藏各种稀有花烛。

乐植生活

Postman——梅林茂

伴读歌单⑩

帝王花烛

火鹤后花烛

火鹤王花烛

我出生在邮票世家，从小到大接触的都是邮票、金银币、玉石这些收藏品，收藏的品种往往都是整个系列，直到我入坑了花烛，才知道植物也可以按品种系列来收藏的。接触到热带植物是我一次偶然的机会买到一棵‘帝王’花烛根块，它有 40 厘米的大叶子，靠近的时候我被震撼到了，脉络清晰对称且叶片呈丝绒质感，用指腹触摸感觉亦假亦真。“撸叶子”的快感让我很快入坑花烛，和收藏行业一样，主流的花烛有十几种，我暗暗下定决心，要一个一个都收集起来做一面花烛墙。

我买过‘帝王’‘火鹤王’和‘火鹤后’的桩子，还有当时特别火的‘哥伦比亚水晶’花烛的桩子，前前后后得有 500 多棵，花了 40 多万元。一开始家里人还是非常支持的，老公特此批了经费，喜欢就开心去玩。但到了年底的时候，老公的态度就转变了。

热带植物给我带来的焦虑

那个时候我买的桩子们集中出现了很多问题，原本两个月就要发芽发根的，没有一点动静，翻盆一看，有些根块早已腐烂，有些是僵苗，好久不见生长的动静。我就像孩子的母亲一样，每天一睁眼就去看植物的状态。想尽办法给它们改善环境，换加湿器、换灯、入热植柜、用各种的药物来催芽等。那段时间整个人特别焦虑，再加上我急躁的性格，看它们有的一直僵在那里，有的一点点烂掉，让我心里特别难受。烂掉的桩子我也舍不得扔掉，而是小心翼翼地保存起来，桩子越积越多，终于有一天狠心决定丢掉它们，丢之前特意称了一下，光丢烂掉的桩子就有 30 斤。

不知道巧合还是注定，紧接着我就住进了医院。大夫说是因为神经紧张和思虑过度引起的胃出血，我整整半月都没能吃下东西，全靠营养液维持。好在人类的自我说服能力还是比较强的，在医院的时候我就想，虽然见证了一些植物的生离死别，但在种植的过程中也感受到了生命力的顽强，想到这里我顿时就充满了力量，这可能是植物影响到我的地方。

花烛怎样才能养好

花烛本是热带雨林中的地表层植物，生长环境常年阴暗潮湿，部分攀爬，依树干而存活。多从南美洲千里迢迢来到亚洲，先是在印尼、泰国、中国台湾等地生根繁殖，随后逐渐进入到中国内地。

想要养好它们，环境放在首要位置。在花烛原生环境里，空气相对湿度达到 95% 以上，家庭使用加湿器来改善的话，空气湿度用智能插座控制在 60% 以上，每隔一小时开启半个小时，70%~80% 的湿度对花烛比较友好。在午夜 11~12 点前，加湿到 100% 就关掉加湿器，在凌晨到早上 6 点的这段时间里，让湿度慢慢降下来。这是因为植物也是要睡觉的，休眠的时候，它们不会进行光合作用，太湿会导致烂根。花烛喜潮不喜湿，空气的湿润度要高，但不要总浇水，保持微湿即可。总浇水它就不能干湿循环，呼吸不过来也会烂根。可以用循环扇和风扇来增加空气的流动，平时开窗通风的时候要避开炎热的太阳，也就是避开大中午开窗，早晚都可以开窗。

其次是基质，也就是植料，植物的配土。在原生环境中，花烛生存在并不肥沃的植物基层，它们依靠树干而生，部分会攀爬，它会努力地向上，渴望多得到一些阳光，每长一片叶子根块上都会长出丰富的肉质根，攀爬在树干上吸收水分和营养，每一节可以独立生长，如果根部腐烂

满根的帝王花烛

掉也不会影响整株植物。植料每半年一换，换盆的时候一并换植料。花烛平时浇自来水，当长新叶子新根或开出佛焰苞的时候适当施肥。

一般家庭的通风情况无法和室外相比，所以要选用疏松透气的植料，可以用腐熟松树皮加中号泥炭土和珍珠岩 3~6mm，比例 5：3：2，水质不好的情况下另外抓一把活性炭来中和水质。

最后是阳光。花烛的叶片大而直立，是因为在雨林环境中，一年 200 多天的降雨量，阳光都被露生层、高层以及中层的树叶牢牢挡住了，叶片直立是为了沥水，大叶片是增加阳光照射的面积。所以请放在离窗边有一定距离的地方，光线明亮的地方很适合它。如果家里没有阳光，可以增加植物补光灯，夹子灯和陶瓷金卤灯都可以。地方小植物少用几十瓦的，如果地方够大也可以使用 100W 的全光谱量子板植物补光灯，白光就可以。

特别要强调的是温度。热带雨林气候主要分布在赤道附近，常年高温多雨，各月平均气温 25~28℃之间，即使最冷的时候也在 18℃以上。家庭养花烛应保持 15℃以上，这是花烛重要的保命温度。

花房环境

养花烛最特别的乐趣

热门的原种花烛十几种，个人最喜欢‘帝王’花烛，叶片巨大令人震撼，其次是叶片有闪光感的‘水晶’花烛，我称它为阳光下的银河。

除了观赏外，最让我觉得有意思且有成就感的莫过于杂交繁殖。花烛是雌雄同体的，出现佛焰苞后，花剑表面产生粉状物体的时候是雄蕊，人工用小刷子扫下来装入 2ml 的冰冻管中冷冻起来，过段时间后，花箭表面出现水滴状的时候属雌蕊，再取出冰冻花粉仔细地刷在雌蕊上，为了提高授粉成功率，可以多刷几遍。一段时间后，花蕊上出现一粒一粒凹凸的时候，就说明授粉成功。一开始是绿色的，种子慢慢成熟后会变成深棕色，这个过程需要几个月的时间，对母本有不同程度的叶片损耗。种子成熟脱落后将紫色的外衣剥开，取出里面青绿色的种子，洒进湿润的水苔表面闷养，几周时间后，就可以得到出叶子的种苗了！用不同品种互相授粉，得到新叶的形态有的继承父本，有的则继承母本。

帝王花烛

雄蕊花粉期

雌蕊露珠期

成功授粉

种子慢慢成熟

种子成熟

种子成熟自然剥落

去皮后的种子

剥皮后的种子种于水苔

种苗发芽

玩繁殖最出名的莫过于‘黑桃’花烛，叶形巨大而黝黑，天花板般的存在，令植物收藏爱好者们仰望，可遇不可求。另外还有不可多得的‘黑丝绒’花烛、‘绿丝绒’花烛，有钱也很难买到原种的。因为这两个品种又称为万用母本而且数量稀少，基本和所有花烛都很搭配，简直就是花烛界的“海王”。

花烛个体差异极大，比如说‘帝王’幼花烛，就分为‘帝王’‘脑纹帝王’‘黑帝王’和‘绿帝王’花烛。即使父母本都一样，杂交出来的苗也大相径庭，比如‘克莱恩’和‘水晶’杂交出的，圆叶的叫‘铜锣烧’，银脉多而且瘦长的叫‘银刷子’，脉络清晰而且纹理丰富的叫希望花烛。就像人类面孔万千，脾气不同。植物当然也是有脾气的，它不会说话，但是它会用植株状态来表示它的心情，总之千变万化，令人乐此不疲。

养热植这件事教会我敬畏生命，一路上虽跌跌撞撞，却因为热爱，磨炼出我坚定的意志，培养出我不轻易言弃的信念。植物尚且顽强地生存，又何况是人类。我想传达善意，鼓励每一个喜欢热植的人。愿这个行业蓬勃发展，随处可见如此可爱又能传递生命能量的植物们，这是我想看到的。

恶魔花烛

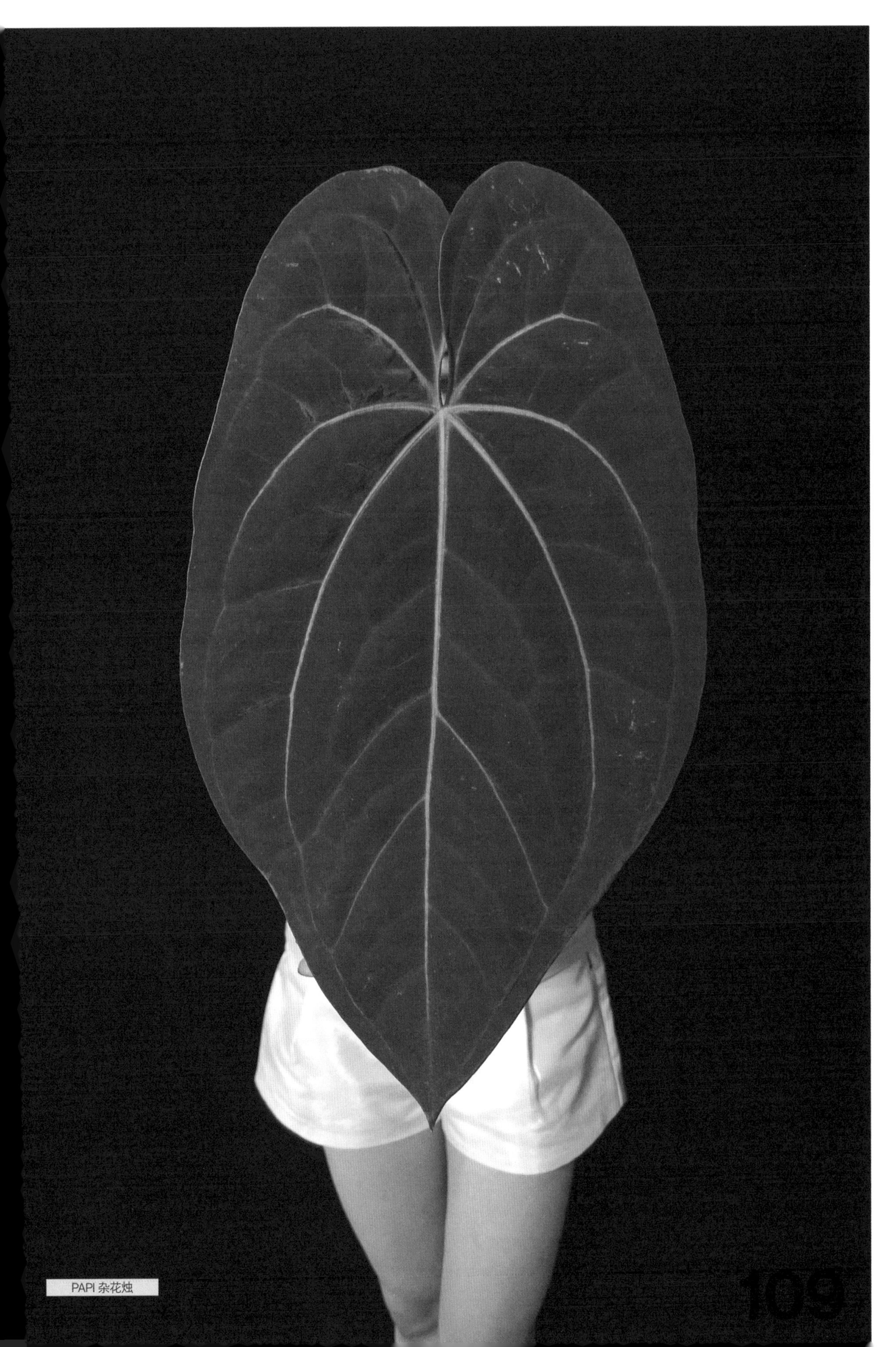

PAPI 杂花烛

植物和我

恣意生长

Flora Wei

本名韦胜蓝。教师，爱好绿植、家居、宠物。在4平方米的封闭阳台养了近200棵绿植。

小红书 Flora的秘密花园

伴读歌单⑪

Nocturnes, Op.9, No.3 in B Major

——Arthur Rubinstein

两年前的我绝对想不到两年后家里竟然养了将近 200 棵植物。

一直以来我对植物都抱着远观的态度，主要是怕麻烦、怕飞虫。直到某一天在网络上刷到了绿萝的养护视频，记得那个博主说绿萝怎么可能养得死呢，抱着好奇心我就买了一盆绿萝回家。在那个冬天，我给它浇了充满爱心的一大盆水，一周后，它的叶子开始变黄，一个月后，它的叶子所剩无几，我就这样送走了我的第一棵绿植。

在疑惑、不解和伤心的情绪里，我在网络上疯狂搜索各种绿萝养护视频，知道了它死亡的原因——烂根，我才知道原来水浇多了植物也会死，原来植物也需要睡觉，在冬天需要是控水的。因为搜索了绿萝，大数据不断地给我推荐各种绿植，我被不断地“种草”，我才发现有那么多好看的植物，然后就进入了“被种草、买它！被种草、买它”的循环中。与之前不同的是，我不敢盲目地给出“爱心大盆水”了，我不想养死它！每买一棵植物，我都会尽力做好功课，了解它的习性后再养护。

做功课的过程是有趣又费脑的，我发现对于同一种植物，不同的人会说出相差很大的养护方法，我会思考和辨别哪些适合我家植物的养护情况。比如南方和北方的气候环境差异大，喜湿的植物在南方更好养护；北方的冬天有暖气，怕冷的植物在北方的室内能够更好地过冬等。网站上的养护知识讲得非常笼统，我只能综合各方经验，然后自己边学习边总结，渐渐地也变身为半个绿植“小达人”。之后，我开始在社交媒体上分享自己的植物养护经验，渐渐从绿植“小白”变身成了绿植博主。这是我人生中的一小步，但是我植物养护的一大步，我的分享受到越来越多人的关注，我也因此获得了不少成就感。

回头看自己的“入坑”经历，真是不可思议，一个人对一件事怎么能从敬而远之到深深着迷呢？现在我好像能理解那些养了很多花花草草的人了，虽然是要费很多心思照顾，但是在种植过程中我也收获了很多乐趣，这种乐趣是完全能够弥补照顾它们所花费的心思的。

来“报仇”的植物

养植物的路上也并不全是美好的回忆，有那么一些片段是烦躁的、心累的、丧气的……

刚刚入坑的第一个夏天，我养的七八棵海芋因为天气又热又闷都烂根了，每每看到一片又一片的黄叶掉落，我就连连叹气，惋惜却又无可奈何。通过我的精心照料之后它们确实恢复了生长，但没过多久，又有烂根出现了，我再次叹气，感叹道为什么别人家的植物都来“报恩”而我养的都是来“报仇”的。

夏天的时候植物需水量大，家里将近 200 棵植物，几乎每天都要花上半个多小时浇水，感觉自己变成了一个浇水机器，不停地搬运、浇水、施肥、换盆，忙完了累到没心情去看叶子。不浇水的时候，每天我要翻看很多次叶子，怎么都看不够。每次看到植物萌发出完美的叶子，我就很开心；而看到没长好的植物也会每天盯着它，想着它什么时候能长好啊？怎么还不长新叶子啊？甚至会“指责”这片老叶子真的好丑，但也没什么办法，自己的“宝宝”哭着也要养下去啊。

养植物对我来说本来是一件好玩、有趣、治愈并养眼的爱好，没想到却带来了这么多负面的情绪，让我不得不思考，事情为什么会变得这样呢？我还要坚持养下去吗？

细细想来，养植物和交朋友是类似的

植物会受到地域、环境甚至个人习惯的影响，从而划分出我能养好的植物，和我养不好的植物，我怎么都养不好的海芋，就像生命里遇到的一些朋友，怎么都合不来。这并不是对方或者自身有问题，也许是性格、也许是经历，甚至是气场，都会影响我们之间的相处。遇到这样的人，为什么硬要靠近呢？保持距离就好了呀；总是养不好的植物，暂且放一放就好了呀。我们不需要各种事情都做到尽善尽美，也不需要和每一个人都搞好关系，就像我们不需要养好所有植物一样。

而浇水这件事又让我想到人性中的贪婪，我们总想着收获，总想着一劳永逸，却又对付出斤斤计较。给一棵植物浇水是轻松的，所以你能够收获一棵植物的美；给一百棵植物浇水会很累，但是可以收获一百棵植物的美！我在给 200 棵植物浇水的时候确实很累，我也会抱怨我付出了很多，但是经常忘记我所拥有的东西——我拥有 200 棵植物所带来的震撼，这么棒的事情我却忘记了。总想着索取的人会充满不快乐，而总想着拥有的人，感受到知足和快乐也许会容易很多。每当我受到负面情绪影响的时候，我就会提醒自己看看我的植物，它们会让我珍惜眼前所拥有的东西。

作为一个完美主义者，是养植物（还有我的狗狗）让我学会了面对我的不完美。在“指责”家里那些长得不好的植物的时候，我突然意识到我对它们的期待是它们都要长得完美，就像我总要求自己要把所有的事情做到完美一样，如果做不到，我会不断责怪自己，而这对我只有伤害没有帮助。我不接受叶子的缺陷就像我不接受自己的缺点一样，让人沮丧又无解。完美是美，缺陷又何尝不是美呢？遗憾又何尝不是美呢？一棵植物的叶子有破损它就是一棵不好的植物吗？一个人有缺点它就是一个差劲的人吗？学会接受不完美，学会欣赏不完美是我要学习的课程，也是我的植物教会我的。

想明白了之后，我在心里默默对我的植物们说，请恣意生长！

是植物让我有了家的感觉

RyanTyh

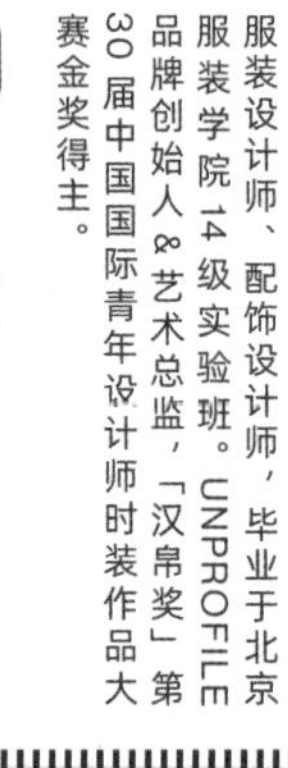

小传 RyanTyh

服装设计师、配饰设计师，毕业于北京服装学院 14 级实验班。UNPROFILE 品牌创始人 & 艺术总监，「汉帛奖」第 30 届中国国际青年设计师时装作品大赛金奖得主。

Ylang Ylang——FKJ

伴读歌单⑫

实话说我并不是一个天生就对植物感兴趣的人，甚至可以说以前还有点排斥，觉得它们不仅招虫子，养护起来还麻烦。偶尔走进大自然，确能感觉到片刻的安逸舒适，但还是马上被城市的纸醉金迷带走神儿。

我和植物的故事，是从 2020 年疫情的时候开始的。那时候北京刚刚熬过凶险的时期，几个朋友约我去公园野餐聚会。聚会上我对一个朋友带来的一大束鲜切花产生了兴趣。无巧不成书，正好第二个周末和朋友相约去北京植物园。几番周转后走进植物园，一半开败的月季、正当怒放的芍药和大片的绿色连起来照进眼里，是独属于大自然的野趣，也是我乍然间发现往日生活里缺失的姣好碎片。在大片绿植花卉的反衬下，浅灰色的天似乎都亮了许多。我想用一个框把这幅明目的像记录下来带回家里。生活里没有所谓的为时已晚，迟来的美好更像是意外而得的礼物。

感受完大自然的美，下一步自然是要行动起来，起初走入花卉绿植市场的我，像一个闯入玩具店寻宝的小孩，恨不得每一种花都要问一遍。最后带了三束鲜切花、一棵老桩龟背竹和一盆‘天鹅绒’竹芋回家。

我和植物的相处就这么开始了。

刚开始时并没有太在意植物的养护，只知道绿植 10 天浇一次水，每次浇到盆底出水为止，鲜切花一两天换一次水，有时忘了可能三四天换一次感觉也并没有太大区别。这个时候我对鲜切花的热情远远大于绿植，买回家一两天就能开花，而且每周还能给家里添点不同的花。闲暇时坐下来看看花瓣，明显感觉到生活里多了一份以前没有的惬意。

如果和一个事物有缘分，是一定会慢慢更深层次地了解和接触的。

在频繁买鲜切花过了大半年之后，对这种只有 7~10 天保质期的美好“奢侈品”开始有些不满足。由于先前对绿植的养护太过单一，那盆‘天鹅绒’竹芋已经在我家报废，叶子枯黄卷曲纷纷萎谢。我心想着明明和那棵龟背竹都是同样的浇水方式怎么会出现这么大的差别，是不是我和这类植物没有太多的缘分呢？

我怀揣着这样的心思过了几天，在某天吃完晚饭摊在沙发上歇气儿的时候，余光瞟到龟背竹的杆子上好像冒出了一个东西。走近一看，发现竟然有一片新叶的尖儿正从上一片老叶杆的中间冒头！这种激动和开心对于第一次养绿植的我来说，不亚于以前读书时考进班里前十。伴随而来的小小成就感让我感觉人生又开辟了一个新的领域。因为当初买这两棵绿植的时候，只是抱着试一试的心态，从没养过植物的我一开始难免默认自己是绿植杀手。

时间沉淀下的馈赠，从一片龟背竹的新叶上传递给我。让我第一次体会到养绿植的乐趣，这和养鲜切花是两种完全不同层次的体验。去花卉绿植市场的重点，自然地从鲜切花区域转移到绿植区。于是很快家里增添了琴叶榕、马醉木、秋海棠、二岐鹿角蕨等一些入门级别的绿植。

56

Jan.
Feb.
Mar.
Apr.
101

家里有了这些绿植后，社交媒体也开始不断给我推送各种各样的植物帖子。我从网上陆陆续续了解到更多天南星科的观叶植物，尤其是花烛属和蔓绿绒属。那些或巨大或爱心形的叶片、水晶纹路和深邃的叶脉在社交媒体滤镜的渲染下显得尤为诱人。如果说上次去北京植物园让我对植物产生了浓厚的兴趣，那么接下来的一次探店，便让我彻底领略到热带植物的美和震撼。在北京爱植物的人应该都听过“特殊气候”这家热植店，一开始我就是被他家那张绿植柜的照片深深吸引，而且自从作为新手入门了绿植这个圈之后，我一直想在家里打造一片属于自己的小森林。

刚一踏进店内，迎面而来的便是一棵巨大的洒金龟背竹，相比之下，家里的那棵龟背竹仿佛忽然蒙上了一层灰。这算是我和热植第一次如此近距离接触，这会儿我还有点傻傻分不清蔓绿绒和花烛，只是依稀记得一些名称，比如‘黑金’‘火鹤后’等。在我特别不识趣地碰了一下奢华花烛的一片新叶并得知它的价格之后，我在店里走路都是侧着身子走，生怕一个不小心碰掉了一片我买不起的叶子。老板热情且不厌其烦地跟我们解说着各种热植的品种名称和生长习性，说实话当时并没有太听进去，因为各种野蛮生长的绿植霸占着眼眶，老板在说东我的眼睛已经不自觉地望向了西。

必不可少的拍照环节结束之后，在店里买了比较适合新手养护的‘克莱恩’花烛和‘哈斯塔姆’蔓绿绒，又拿了一棵‘黑金’蔓绿绒和‘幽灵’蔓绿绒的小苗。因为实在太喜欢这种被绿植环绕的感觉，打造室内小森林的念头更加强烈了。

接下来的一个月，是不疯魔不成活。身边有几个朋友比我更早入坑热植，告诉我买热植最好去网上蹲直播间或者去二手网站里找，因为热植涉及品种、杂交、扦插、组培等各种因素的影响，所以一开始不要自己盲目购买。我在稍稍了解了一圈之后，瞄准几家朋友推荐的直播间便开始了快乐的购买之旅。不得不说，这段时间，没有什么比开箱更开心的事情了，满怀期待地收到植物后，小心翼翼地拆开，缓苗后和其他植物摆放到一起，然后便能静静地观赏片刻。

不知不觉家里的绿植已经初具规模，我想是时候开启我的空间管理能力了。于是洞洞板、置物架、小推车各种小工具都安排了起来。虽然我现在每天还在各种琢磨怎么更加完善，但还是有一些小心得可以分享一下。首先一定要利用好墙面和立体空间，不要只想着把一盆盆的植物平铺在桌子上，这样你会发现一张桌子根本摆不了几盆。所以我首先在网上订购了两块洞洞板，用洞洞板的各种不同配件去匹配不同盆径大小的植物，这样不仅可以更好地利用墙面纵向的空间，也可以很轻易地将植物摆得有前有后、有高有低，有了这种层次感之后就可以很快打造出一片小雨林。但洞洞板也有它的局限性，一些向四面八方生长的植物就不太适合摆放在上面，比如‘橙柄’蔓绿绒。对于这种占地比较大的植物，我买了两个推车，刚好放在洞洞板下方的地面上，高度正好比洞洞板的底线再低一点，这样推车和洞洞板很完美地组成了一个绿植摆放区。随着植物越来越多，我在洞洞板的旁边，也就是我家电视机的后面，又安装了一个顶天立地置物架，这个的好处是每一层的层高可以随意调节，弊端则是植物的摆放不如洞洞般灵活。但是这么一通安排下来，走远一看竟发现自己拥有了一整片植物墙作为电视背景，看电视累了眼睛一瞥就能看到我的植物，甚至不开电视就只是看着我的这片植物墙，也能发呆一会儿。

随着对各种植物习性的了解，加上我比较偏爱的品种是花烛和蔓绿绒，光照和湿度的控制就是我下一步的考量，加湿器和植物补光灯是绝对跑不掉的。加湿器我选择了水箱容量 7L 的，这样避免了频繁补水，同时加湿器自带紫外线 uv 杀菌。一般热植的湿度要求都是 50%~70% 即可，但对于一些更需要湿度来保持状态的花烛，比如‘火鹤后’‘帝王’‘奢华’‘贝斯’等，我订购了一个亚克力展示柜，把它们统统闷养起来，这样展示柜里的湿度可以达到 80%~90%。不过按照现在这个步骤进行下去，热植柜是迟早要安排上的。补光灯我选择了一款 65w 的全光谱植物补光灯，花烛的光照指数建议是 3000~5000lux，蔓绿绒则可以高一些，控制在 6000~8000lux，整体最好都不要超过 10000lux。能感觉到，湿度和光照都给到之后，植物的生长显著加速，同时状态也更好。

诚如之前所讲，热爱一个事物就是会不自觉地继续去了解和深挖。不到几个月的时间，我从一个植物小白到现在可以把家里的植物都养得还算不错，不知不觉间学到了很多知识技能。放到以前，让我给一盆植物换土换盆，感觉跟我是没有太大关系的，但现在我也开始学着自己配土等一些更加进阶的知识，一步步走来都是为了把家里的植物养得更棒。

对我来说，这是一种多出来的生活体验，是一种让我在繁忙生活中可以悠然片刻的生活方式。虽然这个房子是租的，但我在北京第一次感受到这个家是属于我的。世俗看来我是它们的照顾者，为它们浇水施肥。但反过来也未尝不是它们在我心里圈出一块静谧且充满生命力的角落，治愈且温暖。

标本是森林姗姗来迟的仪式

八子

本名李一凡，植物分类学者，云南八子花园Bazi's Art Collection & Botanical Garden主理人，国际天南星学会成员。

小红书 八百伊万礼

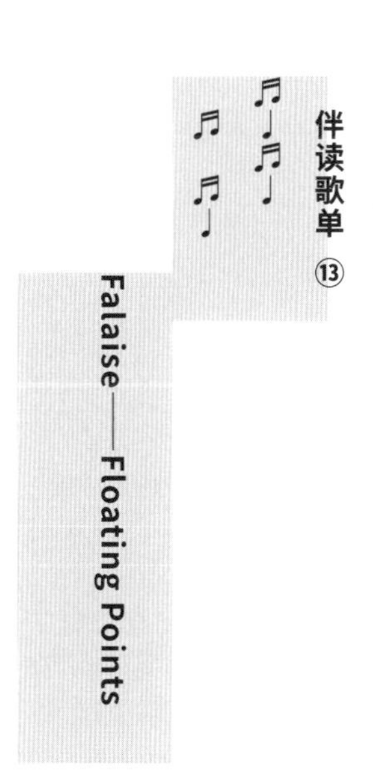

“那些生命最终以一种长久的形态保存下来，如同森林和高山的耳语，在封存中讲诉旅行的故事。”

（一）

过去两年我都在北京生活和工作，大城市如同吸食精气的 " 妖怪 "，最终令我身心疲惫。总是生病的身体提醒我是时候做出改变，于是踩着春天的尾巴，我回到了云南。

恰好五月时我和师妹得到机会，学校的老师托我们前往丽江和香格里拉进行植物调查。这次任务并不紧张，我们计划出些许富余的时间，留给自己采集标本和记录更多植物。

在仓库的灰尘中我翻出当年的老伙计：标本夹、采集标签、记录本以及烘干机。再次摸到它们，数年前行走群山拜会森林的日日夜夜，全部变成能量回到身体里。

我想我已经准备好再次出发了。

（二）丽江

五月中的丽江还有一些凉，到达当日吃过午饭后，我们驱车向金沙江的方向前进，沿途走走停停，如同春游，同时也进行简单的植物标本记录和采集。

四五年前，一位好友在这个区域发现并发表了天南星科的一个植物新种，命名为长筒南星 *Arisaema longitubum*。当时我为他的论文绘制了插图，这是我和他第一次在 SCI 论文期刊中留下痕迹，成为我们珍贵的共同记忆。

后来引种于八子花园中的长筒南星因疏于照顾而死去，所以我很想趁此机会重新采集。

不过五月的丽江的确为时尚早，春天刚刚开始不久，许多春季开花的植物才到盛花期。最终没有发现任何天南星科的植物，它们可能才刚刚结束休眠，还没有破土，就连路边最常见的一把伞南星也还没有踪影。

于是我们只好随手记录路边的植物，权当一次春游。不过尽管如此，我们也依然遇见了许多令人惊喜的可爱植物。云南西北的山林，总是不会让人失望。

大白杜鹃

Rhododendron decorum Franch.

大白花杜鹃绝对是这个季节的明星，不同个体的花色都有些许差异，从纯白色到粉红色甚至深粉色，都不难看到。喇叭状的花朵团在枝头，整个花序热烈非凡，在山林中十分耀眼。刚刚发芽的新枝也娇嫩不已，红色的托叶如同花瓣一般醒目。

采集标本时我选取了开花枝，展示花序的样子，也将花朵剖开来平展，展示花朵内部的样子。同时我还采集了枝头上干燥的棕色果实，这是去年残留下的，其间的种子早已四处飞散。

栒子

Cotoneaster Medik. sp.

这种栒子属植物花朵很小，叶片因为细密地长了白色的短毛，呈现出一种有质感的灰绿色。即便在烘干为标本以后，这种质感也保持了下来。

安息香

Styrax L. sp.

安息香也叫野茉莉。大学时，校园的草地上种了三株大花安息香，四月中旬一起盛放，白色如同铃铛的花朵缀满株型雅致的小树，浅绿色的叶片映衬着花朵，黄色的花药在花朵中若隐若现，十分梦幻，也因此让这个科的植物在我脑海中与“美丽”绑定在一起。

安息香科的植物压制标本之后也秀丽异常，这次遇见的这一种，在干燥后，叶片边缘和小枝上微小的绒毛带来的铁锈色，和叶片、花朵相得益彰。

鄂报春

Primula obconica Hance

路边的土坡上成片盛开玫红色的鄂报春，也有的穿插灌丛中，点缀零星几抹颜色。压制成标本后，颜色就从玫红变为了蓝紫色。

中华山蓼

Oxyria sinensis Hemsl.

蓼科的植物，我最初以为是大黄一类的植物，后来得知是山蓼属。山蓼属植物中国产两种，这一种是中华山蓼。成片生长于高原向阳的坡地和路边，圆圆的叶片很可爱，阳光充足的环境里，花朵已经枯萎或者脱落的雄花花序，留下橙色的花序梗，很亮眼。

川滇槲蕨

Drynaria delavayi Christ.

一直都很喜欢槲蕨属植物的气质，这次恰巧遇见悬崖上的川滇槲蕨正在生长出新的叶片。它们粗壮的茎长满了鳞毛，像蛇一样蔓延，生出根来附着生长于崖壁和树干上。

川滇槲蕨同时生有两种形态的叶子：一种是不进行光合作用也不产生孢子的腐殖质积聚叶，这类叶子在长成之后立即枯萎，像铠甲一样护住茎和嫩芽，同时也可以积聚住各种掉落下来的枯枝落叶，这些杂物腐烂之后也可以成为它的养料；另一种就是用来进行光合作用以及繁殖的可育叶，这些叶子在冬季枯萎凋落，春夏雨季到来时又重新生长出来，用以产生孢子进行繁殖的孢子囊也在这些叶片的背面孕育。

鳞毛蕨

Dryopteris Adanson sp.

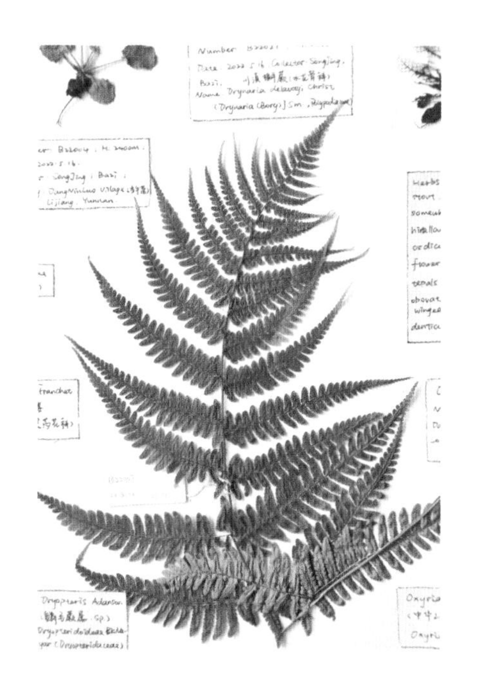

鳞毛蕨属植物广泛分布于中国，它们美丽的叶片常常是森林中不可忽视的存在。不过鳞毛蕨属的植物鉴定很有难度，常常很难确定具体的种类。采集这份标本时，正好遇见采香菇的几位阿姨有说有笑下山来，还展示给我们看背箩里的赫赫战果，然后爽朗地笑着和我们告别。

栌菊木

Nouelia insignis Franch.

在一处背阴的山坡上恰好遇见这种神奇的植物，它是少见的木本菊科植物，花朵开在枝头，而旁边的小枝刚刚长出新的叶片。

制作标本时，特意将“一整朵花”剖开来展示，这样就能清楚地看到这样“一朵花”并不是真的“一朵”，而是由许多朵狭长纤细的小花组成的，这就是菊科植物的特征：我们看到的每一朵菊花，实则是一个花序，叫做头状花序，每一个头状花序由许多小的花朵组成，这些小花从外围向内依次开放，用花蜜来吸引昆虫和鸟类来帮助授粉。

（三）虎跳峡和香格里拉

结束了丽江的考察之后，我们又驱车沿着虎跳峡河谷北上，前往香格里拉。

这个季节的虎跳峡温暖潮湿，不时能看到远处山外延绵的雪山。而身边河谷两旁的山坡，森林郁郁葱葱，不同种类的树木发出新叶，每一种树木的新叶颜色都不尽相同，交叠在一起显得十分治愈。

中途我们顺着一处小路开车上山，大概到海拔3000米时，遇到一处风景秀丽的溪谷。

我们下车沿路散步，在路边也能看到许多正在花时的高山植物，山谷里农家的牛发出回荡的“哞哞”声。高山深处流出冰凉的溪水，两旁的山坡盛开着繁盛的云南杜鹃，落花铺满小山坡，点缀着许多开白花的鼠尾草。

大朵大朵或粉色或白色的大白杜鹃缀满枝头，有时候可以看到杜鹃树上穿插一些红色，仔细看可以分辨出正在开放的柳叶钝果寄生，是一种寄生植物。树林间偶尔能看到果实成熟的柳树，柳絮如同在空中流动，微风中从树枝上轻轻飘出。

当天结束考察后我们抵达了香格里拉，于次日拜访距离城市不远的一处山谷。山谷里有几处小村庄，平坦绵长的草地上有星星点点的牦牛在阳光下进食。路边的草地上有时可以看见成片的矮紫苞鸢尾，也零星看到了开放的桃儿七和龙胆，做下记录之后我们便匆匆离去。

亮叶杜鹃

Rhododendron vernicosum Franch.

生长在山坡山的亮叶杜鹃，叶片硬硬的，深绿色的老叶和嫩绿的新叶层次分明，大朵的白花十分显眼，在风中轻轻摇动。干燥成标本之后叶片更是坚固，虫蚀的痕迹亦是美丽的。

火绒草

Leontopodium R. Br. ex Cass. sp.

歌曲中传唱的“雪绒花”便是火绒草属的植物，它们呈现出白色是因为植株长满了银白色的毛，这些毛在高山上帮助它们御寒，也可以抵御晴天时强烈的日光。制成标本后，它们依然保持着美丽的银灰色，显得优雅而有柔软的质感。

大理白前

Vincetoxicum forrestii (Schltr.) C. Y. Wu et D. Z. Li

大理白前是很容易被错过的植物，就生长在土路边上，平平无奇地和草丛融合在一起。不过萝藦亚科的植物其实有特别的花结构，这是它们的不凡之处：它们的花像小五角星一般，当昆虫来访采花蜜时，足部就会通过花朵的缝隙，勾出花粉块来，再到下一朵花时，花粉块可能就会再次被这个花朵机关扣留下来，完成传粉。不过有时候可能也会出一些意外，这棵白前上，我们就观察到了被意外扣留下来的不是花粉块，而是足部卡在了花朵里的小苍蝇，很可能它最后就会被这样卡住直到筋疲力尽。

桃儿七

Sinopodophyllum hexandrum (Royle) Ying

我们正好赶上了桃儿七花期的尾巴，桃儿七是小檗科的植物，早春时会开出非常可爱圆润的粉色花朵，花谢后如同一把花伞的叶子才会打开。

紫苞鸢尾

Iris ruthenica Ker -Gawl.

矮紫苞鸢尾的蓝色花朵上有深色的斑纹，矮小的植株令其散落在草地上的花朵，如同星星散落在夜空中一般耀眼明亮。有时能看到群聚一处的花，令人觉得浪漫不已。

柳叶钝果寄生

Phyllodesmis delavayi Tieghem

柳叶钝果寄生是一种分布很广的桑寄生科植物，这一趟旅行我算是理解了为什么它们的家族兴盛计划可以如此成功：它们花量极大，而且可以寄生的树的种类真是太丰富了。从杜鹃树，到柳树、荚蒾，还有一些我认不出来的树上，都能看到正值花期的柳叶钝果寄生灌丛，如同鲜红色的火把一般，穿插在树上。

双耳南星

Arisaema wattii J. D. Hooker

本以为这趟滇西北的春天之旅没有运气邂逅天南星科的精灵了，最终山林还是给了我惊喜：森林中的双耳南星。双耳南星是分布于云南西部山区的植物，橙色混着绿色的花朵上还有一些黑色的斑块，如同陷阱一般的花朵，开放时通对光、气味和热量的掌控，吸引小昆虫进入其中，从而帮助其传粉。

Yunnan
Name: Helwingia Willdenow
(花朵着生于叶片上)
Flowers ca. 2-5 mm in diam. Petals green
or reddish purple, triangular ovate, valvate. Fruit green
when young, turning red and black when mature.
Baker sp.
Cotoneaster
Medikus sp.
Number: B22013; H: 2400;
Date: 2022.5.16. Y.F. Li & Song-
jing; Locality: Dangniu Luo
(当牛落) village, Longshan, Li-
jiang, Yunnan Province.
Christ

（四）

在完成了这趟旅行的工作后，告别冷凉爽快的滇西北，我回到了滇东南温热潮湿的盆地，我生活的城市中。我将这趟旅程中采集到的植物标本依次整理，将采集标签和采集信息也一一完善。

这些植物标本有的会被捐入科研单位，也有气质独特的标本，被我用来创作成了标本作品。

这些生命最终以一种长久的形态保存下来，当人们愿意去倾听的时候，植物标本便如同森林和高山的耳语，在封存中讲诉它们的自然传奇，也透过人为留下的采集信息，一并讲述我曾经旅行山川的故事。

为了和植物互不打扰，我做了很多努力

樊文强

大湾区双城生活斜杠中年，民宿主理人，绿植博主。繁忙的工作并没有影响家中种植 200 多盆植物。

摄影 樊尔赛

伴读歌单⑭

Daydreaming——Ruben Wan

夏至已至，疫情将休未休。突发的封控、冗长的排队接踵而至，平时积攒的出游计划只能悻悻作罢，被动的居家体验让我们都渐渐地慢下来，慢下来给自己的生活做个小结。可是习惯了现代生活忙碌的节奏，突然停下来时，人总会或多或少地出现焦虑、不安。但好像也学会了慢下来看看窗外的蓝天白云，看看楼下的花花草草，看看平日里忽略的美好。

解除封控后，朋友约我去花鸟鱼虫市场逛逛。陪朋友去的我，买得比朋友还多。一开始，只是简单想着家里摆放几棵绿植，增加点生气，装饰一下室内，让枯燥的居家生活空间多一份活力。然而慢慢地，我开始被植物每天的一点点变化吸引，无趣的疫情生活好像突然被点燃了，焦虑不安的情绪好像也慢慢平静了下来。

从了解品种，到熟悉一棵小苗，再到学习如何将它们养好，不知不觉间我感受到了植物的治愈力量，是它们给生活重新带来了惊喜、乐趣和放松，给我空荡的内心，增添丝丝安慰与充实。

学习、观察、实践等与植物有关的事填补了我不少胡思乱想的时间空当，让我不再精神内耗。正像川端康成《花未眠》里所说："人的一生中感受到的美是有限的。"美好的瞬间也许就像半夜的海棠，我很庆幸能够感受到些许植物的美好。

但要把热植养好也不是一件容易的事，因为热带雨林植物对环境的要求很高，一开始总会遇到不同的问题。我一边养一边不断地学习，为了让这些植物能够在本不属于自己的地盘下开枝散叶，我尽可能创造它们喜欢的环境，土、水、肥、湿度、温度、通风、光照等都不敢怠慢。浇水这个问题，就曾经让我陷入焦虑。水多了，根会烂掉，水少了它们停止生长……也许这就是所谓的“赏叶一分钟，浇水十年功”吧。

从一开始了解养护方法的时候，我就很疑惑，为什么要干透湿透呢？这让我产生了思考。大自然里的植物好像也没有这种循环过程啊，它们的土壤是一直保持湿润的，而且天南星科的植物也是喜水植物，原产地雨林里一天就能下好几场雨，潮湿闷热的环境，植物一棵比一棵大。直到有一天，陪父母在家附近的绿道散步，看到河边的海芋生长茂盛，我仔细观察了一下，它们的土是潮湿的，而且它们的根有一部分长在水里，这让我恍然大悟：原来干透湿透只是室内种植植物无法选择的办法，植物的根其实是不怕水的，甚至可以全部泡在水里水培，植物的根怕的是缺氧。浇水后，植物的根把氧气消耗完了，如果不干透，空气无法通过缝隙进入到土壤里提供氧气，根就会活活被闷死了，所以这里引申出来一点，配土也一定要疏松透气的，可以尽快干湿循环。

明白了这个道理后，我就开始严格遵守干透湿透的浇水法，每次浇水前必须先掂盆，再用手指插一下土，确定干透后才敢浇水。但由于不可控因素，天气、通风、湿度等问题，时不时还是会出现差错，严重的时候植物整株连球根一起烂掉，也许这就是热植人的命吧，谁让你迷上这些既迷人又折腾人的小妖精呢。

①

准备好资材，配土、花盆、泡好的水苔

②

安装好自动吸水花盆和吸水棉绳

③

我采用的是营养土、椰壳、6~8mm 珍珠岩按如图比例搭配，但其实只要满足营养、透气、疏水三个条件，大家可以根据自己室内环境调配

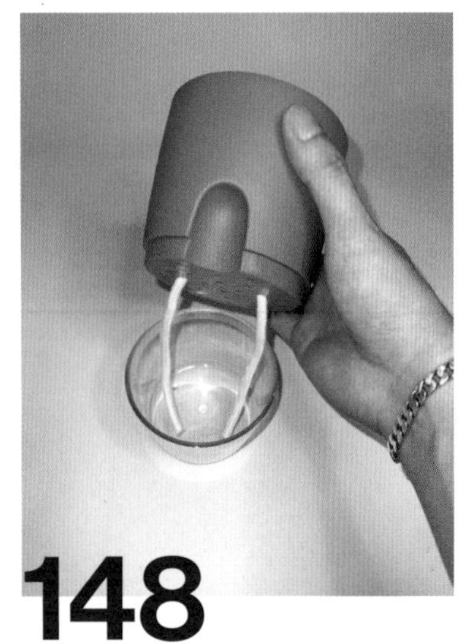

慢慢地，我也成了热植发烧玩家，品种越种越多。但浇水的问题曾让我产生放弃的念头。我曾因出差几天回家，植物的土都已经干透脱盆了，我只能从花架上一个个搬下来浇水，等花盆滴干水，再放回花架。这整整花了我四个小时，洗完澡后躺在床上感觉全身酸疼。那一晚上我都没睡着，一直思考一个问题：像我这种经常一出差就是好几天的人，应该怎么解决这个问题呢？我突然想起阳台角落之前买来实验的植物，虽然已经凌晨四五点了，但也赶紧起床看了看，长得也太好了吧！根都已经长到水里了，一半根在土里，一半根在水里，而且一周多没理它，水还有，这不就是我最理想的种植方法吗？经过反复实验后，几乎全部经过实验的植物都比纯土培表现得更好，这又增加了我的信心。

一开始我只是用简单的工具自制了半土半水培的盆，花盆托盘加满水，花盆坐在厨房用的蒸架上，这样水就会一直蒸发到土壤里，水汽可以诱导根向水而生。实验成果还是算满意的，我把实验成果发到社交平台上，也得到了很多植友的认同，这就是我的半土半水培 1.0 版本。

但后来我慢慢发现托盘的水因为在一个开放的通风环境，会蒸发得很快，虽然也能实现半土半水培，植物也长得更好了，但还是没有解决因为浇水带来的问题。我一边给底座托盘加水，一边皱着眉头思考，自动吸水花盆应该是可以的！但自动吸水花盆会让土变得很潮湿，因为土培如果太潮湿也会闷根，我还是有些会担心植物会因为闷根死去。但这种分段式的花盆设计从原理上是没问题的，可以模拟出大自然的土壤环境，底下有湿气源源不断地向上供应，也就是人们常说的地气，是半土半水培理想的花盆。

那就应该是方法没用对，我又开始实验。我怀疑是因为植物的根还没长到盆底透气口的时候就被水和土壤包裹住，氧气消耗后失去呼吸的能力，缺氧导致闷根。那问题就有两个：一是土壤的透气疏水度，二是土壤的含水量。

解决土壤的透气疏水问题相对比较简单，直接在配土中增加大颗粒的介质，我选择的是大椰壳和珍珠岩，这样土壤间的缝隙会变大，空气可以流通，底座的水蒸气可以通过土壤缝隙蒸发掉，同时还能增加空气湿度。

解决了第一个问题后，第二个问题也有了改善，但还不够理想。蒸发的水汽太快，水杯的水自然也会消耗得快，加水的频率也会增加，没能满足我一开始想要的结果，也会让土壤长期湿透。这样植物虽然能活，但是土生根在这种环境是长不好的，多数也成了水根，与半水培区别不大，我想尽量还原大自然的土壤环境，省心的同时，植物也要能长出状态。

④
盆底薄铺一层水苔

这时我看到水杯里的盆底，没有通过透气孔的水蒸气会凝聚在盆底然后滴回水杯，那如果把蒸发到土壤里的部分水蒸气也拦截住引流会怎么样呢？我一开始的构思是用椰壳垫盆底，实验后发现不行，椰壳与椰壳之间缝隙太大，只能阻拦小部分水蒸气上升，保水作用也不够，凝聚的水分太少，土壤依然过湿。有进步，但还不理想，成功也许就在眼前，我必须再大胆一点。

于是我就想到了用水苔铺垫底孔，因为水苔有很强的吸水保水作用而且透气，水蒸气上升到水苔就会凝聚起来，还能阻挡土培部分的泥炭流到水杯里，一举两得，虽然我把这种方法分享到网络上后，一直被大家争议，但是不用担心，自动吸水花盆的棉绳在整个半土半水培里起了很关键的水循环作用：一是它可以吸收水分和养分到土壤里给土壤供给，二是还能把水苔凝聚起来的水分，在虹吸作用下引流回水杯，而且引流作用大于毛细作用，起到一个很好的内循环。当根还没长到水里，这只是算土培，半土半水培必须是土生根和水生根同时在吸收营养，才能称之为半土半水培，它综合了纯水培、纯土培、半水培的优势。

最后，就是如何快速实现半土半水培的问题了，换盆时植物根部需要再垫底土（如果原盆底土过多可以先去掉一点，让根露出来），直接把根系放在水苔上，根很快在水苔的湿润环境下，快速生长根系（原理和水苔发根一样），当根找到气孔，就会往水里长，当长到水里的时候，土根和水根一起吸收养分和氧气，到这个时候生长就会变得很迅速。

实验成功后我把家里的 100 多个品种的植物分批全部换了，长势都非常好，坐在沙发上看着自己打下来的“江山”，之前的所有焦虑都消失了，我真的很用心对它们，它们好像也开始回报我，带给我无限喜乐。

植物给人带来了很多益处，而对身心的疗愈大概是现代忙碌的人们最需要的。我希望这个方法可以让大家都能省心又轻松地过室内园艺生活，让植物用最好的状态疗愈现代忙碌的人们，而不是成为一种负担。我相信人和植物之间，靠的是缘分，你对它好一点，它也会带给你好运，就像人和人之间的相处一样，要看缘分，不要强求。

⑤
不需要垫底土，根贴水苔，把根直接放水苔上即可

⑥
用配好的半土半水培配土填埋空隙

TAXI

时装模特界的绿色倡导者

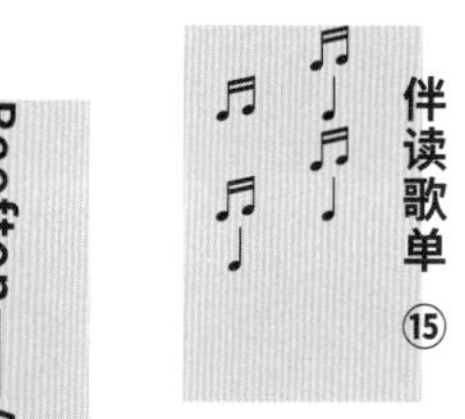

吴月

模特，家居博主。

喜欢一切绿色，热爱生活。

小红书 吴月 LUNA

小时候的我很讨厌自己是巨蟹座这个事实，我喜欢天真烂漫的双鱼，喜欢开朗热情的白羊，可是巨蟹的宅家、温柔，好像都与儿时顽皮的我没什么关系。我今年 27 岁，是成为家居博主的第二年，当我在深夜写下这篇稿子的时候，我仿佛看到了命运对我的定义。

关于我喜欢绿色这个事情，要从游戏开始说起。我是一个喜欢打游戏的女孩，现在也不例外，小时候父亲由于工作的关系，给家里安排了一台电脑。那个时候电脑可是一个稀罕物，于是我成为班里第一个“拥有”电脑的女孩。说是拥有，是指父亲不在家的时候它才属于我。第一次接触虚拟的世界，一切都是那么的新奇和独特。记得那年的夏天，我小学升初中，是一个没有作业的暑假，父亲被派往老挝出差，我成了脱缰的野马，整个暑假这台电脑成了我的全部。12 岁的叛逆女孩，在炎热的夏日裹着一床老棉被，盖过头顶，挡着电脑的光，趁母亲熟睡的时候，在网络世界里肆意冲浪……至于具体玩了什么，我早就忘记了，但是当我上了初中，突然发现我近视了。

我的老母亲特别着急，立马带我配了一副眼镜，我成了一个“四眼妹”。配完眼镜后，母亲还不解恨，逼我每天罚站看窗外 1 小时，当时刚好赶上新家装修，没有意外，我的房间是绿色系列。现在想这可能是儿时的羁绊，成为长大后得不到却难以忘却的事情。

可能是戴眼镜的时光过于痛苦（也可能是老母亲的唠叨过于痛苦），“多看绿色”四字箴言，让我形成了肌肉记忆，每次当我需要做选择的时候，绿色便成了我的首选，不知不觉，收集绿色成了我的习惯，绿色的衣服、绿色的生活用品，慢慢地，当我可以支配自己的收入之后，我的一切都变成了绿色。

那么再聊聊我喜欢家居这件事情吧，小时候除了看动画片，我们一家人吃饭时总会看一些电视栏目，妈妈喜欢看今日说法，一边看一边警告我小心坏人；爸爸喜欢看纪录片，一边看一边告诉我一些世界的奇妙知识；而我最喜欢看交换空间，看到别人丑丑的家经过设计师摇身一变，变得美丽温馨，让我充满了对家的向往。

长大以后，由于做模特的缘故，我从大学宿舍，住进了巴黎的模特公寓，再到了曼哈顿的美国公寓，然后就是在世界各地的酒店辗转，还有我熟悉的上海老洋房，每一个房间都有它们独特的美。巴黎的壁炉和阳台，纽约的复古厨房和窗外的雪景，伦敦郊外的草坪别墅和上海老洋房的花砖，这一切都对我有吸引力，短短几年，我租过的房子数量快赶上我的年岁了，但是漂泊中的我，有时候真的很向往那一份安定。

I
ve not spent
day
ving you,
out

2020 年初，我开始常驻在上海，也知道自己要在上海待很久，所以开始用心装扮自己的房子，刚开始我会买很多很多的绿色，是深浅不一的绿。随着对家居的理解，我会把绿色作为装饰来使用，比如绿色的画、小型的单人沙发、一把椅子、一块地毯等，这样可以减少视觉上的疲劳感，把重点突出。

后来我开始养绿植，绿植是一个很神奇的世界，它打开了我新世界的大门。因为绿植的形态和造型感很强，随着时间推移和用心养护，形态和体型也会有很大的变化，这样就给了空间更多的可能性。比如一棵植物，它可以是台面盆栽，一两年后它变成了落地景观。换句话说，你可以和它一起生长，随风飘动，给了家更多的活力和生命感。有些植物喜阴，有些植物喜阳，可以根据他们的特性，给家的布置方案提供更多思考的命题，我很享受适应它们，和让它们习惯这个家的过程。

每当植物展开一片新叶，我都会非常地兴奋和喜悦，当它们生病了，也会焦急难过，他们仿佛是一个陪伴者和倾听者，是我在独居生活里的同行人。我们又何尝不是一棵棵植物呢？风雨、阴晴、日升日落。日复一日，我们最终都会成为我们应该具备的姿态。

记得我小时候很讨厌自己是巨蟹座吗？现在发现自己真的是一个巨蟹座，在外穿着冷酷坚挺，回到家，卸下所有装甲，和家、猫、植物共享一份温柔。小时候所有印象深刻的事情，长大后成了我的标签。

很多年没回家了，去年回了一趟老家看望父母，回到自己的小房间，看到绿色床单还在，墙上乱画的涂鸦也在，只是绿色的墙，好像有点褪色了。再去看看爸爸的房间，原来有那么多的绿植，还有布置得很有品位的中式房间。

好奇怪，小时候的我好像从来没有注意过爸爸也喜欢养植物和布置房间，只记得爸爸骂我的时候很凶，所以说，其实美好的生活，就在我们身边，只是我们用什么样的心态去面对，用什么样的视角去发现和感受。

融于家中的四季

撰稿：赵泽宇

伴读歌单⑯

La fille aux cheveux de lin
——杨雪霏

在与蔓野沟通的时候，一上来我是有感觉到压迫感的——我已经很久没听过讲话语速那么快的人了。但交流了几分钟后我又放松下来，蔓野讲话虽然快，但是很有逻辑，不会让我产生由于信息捕捉不到位而产生自我怀疑；除此以外，每当我需要蔓野再做多些描述的时候，她也会非常努力地通过举例子的方式将讲过的话再做更具体的描述，省了我很多追问的尴尬和口舌，深入沟通的过程，也是让我逐渐心安的过程。

室内设计师、家居博主、家居店老板，这三种身份组成了蔓野，三份工作的内容组成了蔓野的一天。我在采访蔓野的时候她刚完成一个室内设计的投标项目，还没来得及好好休息，立马又投入到了自己家居品牌的设计工作中，为了保持家居博主的更新频率，还要另抽出时间兼顾室内布景和拍摄。我曾经问过她一个问题："你在社交平台上传的图片都是你家吗？" 她笑了笑给出了肯定的答案，根据她的描述我也了解到了做家居博主的艰辛。她说博主其实并没有想象中赚得那么多，甚至她会觉得付出比收获多得多，只是这种付出和收获很难用金钱衡量，在社交网络上遇到有共同审美和爱好的人，是很有意思的事情。她经常需要花费很多时间和精力来打造出画面中呈现出的样子，定期更换家具、软装、植物是作为博主很正常的事情，为了让画面观感更好，她还自己报名了摄影课，不过，做了这么多努力依然无法改变的是，为了一期内容，一周要有一半的时间为它去准备。现在很多全职做自媒体的博主总会不知不觉地被数据裹胁，为了数据的好看，去做一些不得已而为之的事情，蔓野也会有这方面的困扰。追求数据好看是一个方向，但更为重要的是，这些内容完全是蔓野自己的表达，这是完全区别于之前"受制于人"的工作方式，能探索出一种新的工作方式，同时输出审美和观点以及开发新的产品并找到同好，是她一直所追求，并且会坚持在做的事情。

蔓野

多职一体的铲屎官，财大毕业却做了10年室内设计师，软装设计师，30多岁做起博主和家居店店主。一切努力都是想获得关于美的自由表达权限以及随心生活的能力。

小红书 蔓野的一天

室内设计与植物是分不开的

蔓野的工作主要围绕两大块来进行，一是公共空间项目，二是家居项目，一幅详细的效果图在哪些位置需要摆放哪种绿植，都要做出指示。在蔓野看来，植物是室内设计中必不可少的一部分，如果家里的植物养得好，其实已经是非常好的装饰品了，根本不需要额外繁复的装饰。看到蔓野发来的各种植物照片，不仅搭配好看，细看每株植物也都长出了状态，不禁有了疑惑，作为一名忙碌的室内设计师，她是怎样获得不同植物的养护知识的？原来，为了让自己的设计工作进行得更加顺利，蔓野都会亲自到当地的花卉市场采买绿植花卉，最初几次逛花卉市场难免有陌生，逛得多了也就知道了这是天堂鸟，那是大叶伞，紫藤、蓝楹花、金毛蕨等相对小众的植物也能一眼辨别，加上本身对绿植花卉也有兴趣，这让她逐渐也成了一个绿植花卉行家。

城市越来越大，但中产的生活空间却越来越小。在自己的家乡可能还能住得上百来平方的房子，一进到大城市立马被压缩到几十平甚至十几平。不过，这仍然不会让追求美和浪漫的中产们放弃对美好生活的向往，就算房子再狭小、生活再忙碌，还是会有人尽可能地让缝隙里透出的光洒在自己身上。对于小空间与植物的搭配，蔓野建议不要选择过大的花盆，过大的花盆会让本来就珍贵的空间显得更加拥挤。此外，让植物尽可能地处在立面的状态，根据光照时间、湿度范围等植物生长因素适当摆放。例如可以在阳台使用一些带抽屉的立柜，比如中药柜，有很多阵列式的抽屉，可以将小的植物错落地放于柜子中，整体就可形成家中的一角美丽景观。为了让空间显得调性统一，在植物的选择上可以遵循多盆栽、集中式原则。集中表现在区域的集中，也表现在种植种类的集中，如秋海棠类、海芋类，这些都是新手友好型观叶类植物，稍加用心，一年四季的状态都会比较统一好看。

一个自然感的家，亚麻、棉质感的面料 + 实木质感或不可缺，蔓野家的窗帘是亚麻材质，主沙发是棉麻面料，给空间做了一个大的基调。在家具木制品的选择上，不需要执着于全家一个木色，可以有深浅木色的搭配，比如，电视柜是白蜡木做浅色做旧，餐边柜选择樱桃木，两者在同一空间并不违和，反而更让空间具有包容性，搭配其他家具也不受限制。

选择斑驳的绿色羊毛地毯，点缀绿色抱枕，呼应夏天家中绿植氛围，再配合百分之十的红色调撞色，增添空间灵动感。

除了大棵的盆栽，家中也可选择彩叶海芋、蝴蝶兰、掌灯小盆栽，让空间更丰富，另外在花盆选择上，可选择自然感的陶盆，陶色本色和黑色都比较百搭

以上是为了保证植物的光照和通风，需要在窗台旁或者家庭空间边缘放置的植物，而在主要的室内活动区，可以选择一些耐阴的植物，例如造型比较好的文竹、鱼骨令箭、新西兰刺槐等，放置在书桌旁或者柜子上，增加一些室内的仙气。蔓野特别强调了花盆的选择，她认为花盆和植物的选择一样重要，对于比较小的植物，比较不会出错的颜色是米黄色、陶土本色盆。对于比较大的植物，蔓野并不排斥塑料花盆，塑料花盆的轻便好移动、美观成为蔓野选择的主要原因。

在室内设计中，植物一直是营造氛围感利器，是软装中最灵动的部分。打造仙气诗意氛围的家，小碎花串成串的紫藤，是一个非常好的选择。

金毛蕨非常适合带有一点东方氛围的空间，羽状的叶片，支撑在空间中，舒展的姿态非常迷人，我也是被它美貌所迷，购于花市，但后来得知它是国家二级保护植物，于是捐到了成都市植物园。大家也可以选择蓝花楹放置于家中，氛围和金毛蕨相似，可以说是金毛蕨的平替。

※ 金毛蕨又称金毛狗蕨，属国家二级重点保护植物，不可随意破坏，挖栽涉嫌违法。

如果你在现代城市生活中有一个露天阳台，也就意味着你拥有了一块在钢筋水泥中感受绿色的天地。露天阳台虽说是区别于室内之外一块空间，但经过一些设计也能与室内空间很好地连接起来。蔓野认为门是比背景墙更重要的室内外连接工具，因为墙体是相对静止和平面化的，而门是动态和立体的，它能够带给人们更加直观的感受。在蔓野的家中，就用门做了一个很巧妙的连接，关上时，阳台外的植物透过水波纹玻璃呈现出一幅油画的景象，打开时，门的颜色和质感让室内空间向室外延伸，使室内外更加融合。

蔓野家阳台植物其实不多，营造整体的自然感受，主要还是在于搭配，原本的精装修阳台十分不符合家中自然度假的氛围，蔓野做了四步改动：

① 选择了一个小众的绿色漆，色号佐敦 IVY DIRT 8362，刷漆之前，卖家、刷漆师傅都说要翻车，刷完以后，事实证明蔓野的坚持是正确的。一个处于绿跟黄之间的颜色，既能在夏天感受到绿意，也能在冬天感受到暖意。

② 拆掉了原版粗犷的黑色推拉门，改为实木门框 + 水波纹玻璃，水波纹玻璃映衬着绿植，有油画即视感，复古氛围也更配整体的风格。

③ 瓷砖地面上直接铺设了实木防腐木地板，真的非常美。但是在此提醒一下，这个难打理，如果不是为了美什么都可以忍受的人，建议还是选择塑木地板为佳。

④ 绿植配合，目前入住一年，阳台留下的植物，都是比较好养的。
新手友好植物：天堂鸟、‘狐尾’天门冬、龟背竹、龙舌兰、枫树、紫藤；
枫树：虽美，但是换季掉叶非常严重，如果是不是勤快打扫的朋友慎入。
龙舌兰：形态很有张力，但是叶片尖端有刺，家里有小孩的家庭慎入。

尊重自然规律，植物是这样，人也如此

除了盆栽植物以外，在蔓野的家中也会用到鲜切花。面对鲜切花的衰败和植物的死亡，蔓野倒不会做过多的联想，她认为是一种正常的自然规律，重要的是，我，是否为此努力过？面对过去，蔓野也不会显得过于留恋。可能是由于工作的原因，她没有过多的时间多愁善感，总是想着应该如何把手头的工作做好，然后如何迎接下一项工作。设计和出版有一个共通之处——同属“遗憾工程”，无论你前期策划得多么巧妙、沟通多么顺利，最后在落地的时候总会出现这样那样的问题，如果我们总是揪着过去的遗憾不放手，其实也就意味着我们无法更好地向前走。

采访的最后，我询问了她一些提升室内设计审美的方式，她主要说了三点：看画册、看书、看电影，然后尽可能地把艺术家的风格、配色运用在自己的家居、穿搭等方面。书籍方面蔓野推荐了《中国传统色——故宫里的色彩美学》和《胆小别看画》。前者可以从故宫器物里了解中国传统颜色的搭配和来源，给人以色彩灵感；后者是很有意思地从“恐怖”的角度讲述诸多西方经典绘画，了解它们背后故事的同时，又能看到绘画的美。

在电影的选择上，她推荐的都是一些兼具美感和轻松的电影，韦斯·安德森是她极力推荐的导演。“人生已经很沉重了，我不能再让它更加沉重了。”这是蔓野对于电影的选择观，也可能是她当前阶段的处世观。那些沉重的文艺片，挖掘人性、体现社会黑暗、关注人类命运的题材是蔓野年轻一些时关注的东西，而现在她的态度是：“好的，我知道了。”仅此而已。蔓野现阶段几乎将所有的注意力都聚焦在美学上：“如果一部艺术作品本身就很沉重，你还想试图从中获得一些美学的启发，这未免对人的考验也太大了些。”

自然规律除了植物衰败、人会老去这样宏观的层面，再具体一点也可以是饿了要吃饭、困了要睡觉，心情不好就要休息、调整自己。总之，不能一直让自己处于情绪低落的状态里，无论如何生活要继续，要调整好状态，爱自己、爱生活。

不同季节在家中做不同花艺布置，
让家有流动变化的氛围感

「清新活泼的黄绿+柔和橘粉」
金合欢、天灯、茴香、花毛茛、报春花

春

夏

「浓郁的焦糖色、橙粉调、大地棕调」
弗朗花、栾树果、柿子

秋

「热烈的橙红 + 薰衣草紫 + 清新的白色」

「圣诞与中国年的红 + 绿」
百合、松、千层金、山归来、郁金香

冬

※　免责声明

本书所列产品均为作者、受访者的私人物品，目的是完整呈现作者、受访者的审美及想法。作者、受访者、出版者不会在书中提供产品推荐等各类型的商业服务。

请根据自身实际情况选择和使用书中所列产品。作者、受访者、出版者明确表示，对于因使用或应用本书内容而产生的直接或间接责任，作者、受访者、出版者均不承担。

图书在版编目（CIP）数据

植愈之地 / 花园时光工作室编 . -- 北京 : 中国林业出版社 , 2023.4

ISBN 978-7-5219-2125-0

Ⅰ . ①植… Ⅱ . ①花… Ⅲ . ①观赏园艺 - 普及读物

Ⅳ . ① S68-49

中国国家版本馆 CIP 数据核字 (2023) 第 004504 号

图书策划　印　芳
策划编辑　赵泽宇
责任编辑　印　芳　赵泽宇
责任校对　郑雨馨
书籍设计　满满特丸设计事务所

出版发行　中国林业出版社
（100009，北京市西城区刘海胡同 7 号，电话 010-83143588）
电子邮箱　cfphzbs@163.com
网址　www.forestry.gov.cn/lycb.html
印刷　鸿博昊天科技有限公司
版次　2023 年 4 月第 1 版
印次　2023 年 4 月第 1 次印刷
开本　787mm×1092mm 1/16
印张　11.25
字数　300 千字
定价　78.00 元